MISSIONS TO THE
MOON

미 션 투 더 문

AR로 보는 인간의 가장 위대한 모험담

50
THE
ANNIVERSARY
EDITION

FOREWORD by **GENE KRANZ**
FOREWORD NASA FLIGHT DIRECTOR

TEXT by **ROD PYLE**

TRANSLATION by **S. L. Park**

YoungJin.com Y.
영진닷컴

오른쪽 플럼 크레이터에서 탐사 중인 찰리 듀크의 모습.
그 뒤에 월면차가 보인다.

초판 1판 1쇄 발행 2019년 11월 4일

저자 : 로드 파일
번역 : 박성래
총괄 : 김태경
진행 : 정소현
디자인·편집 : 김소연
영업 : 박준용, 임용수
마케팅 : 이승희, 김근주, 조민영, 김예진, 이은정
제작 : 황상협
인쇄 : 제이엠
발행인 : 김길수
발행처 : ㈜영진닷컴
등록 : 2007. 4. 27. 제16-4189호
주소 : (우)08505 서울시 금천구 가산디지털2로 123 월드메르디앙벤처센터 2차
　　　 10층 1016호 ㈜영진닷컴 기획1팀
이메일 : support@youngjin.com

파본이나 잘못된 도서는 구입하신 곳에서 교환해드립니다.

ISBN 978-89-314-6151-0

CONTENTS

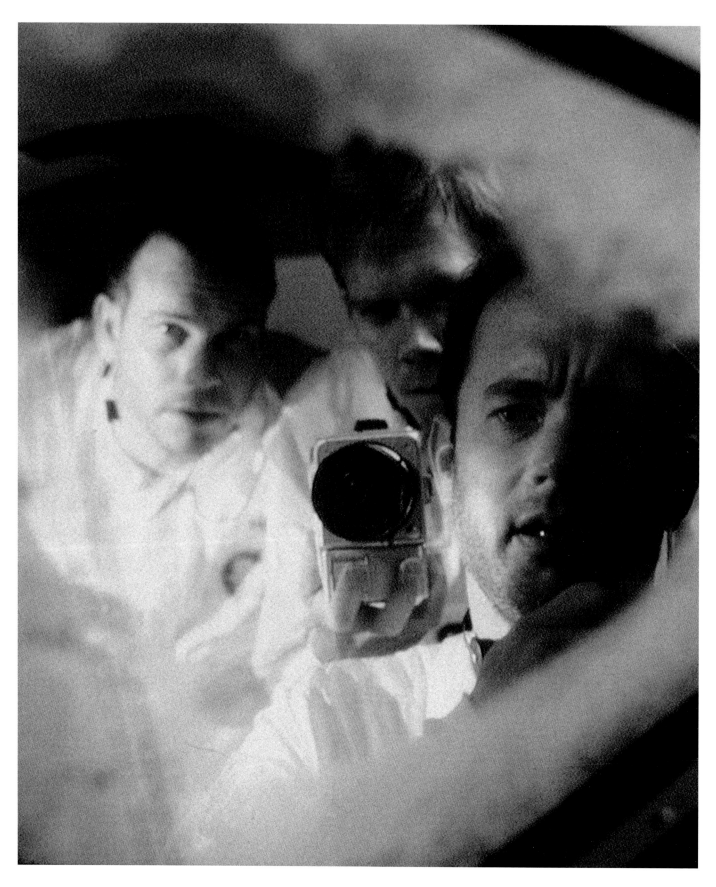

서문

영화 아폴로 13호는 미국의 달 탐험에 대한 도전과 위험을
전 세계 사람들에게 알려주었다.

우주 비행 관제 센터에서 일하던 영(Young)의 팀은 "실패는 있을 수 없는 일이다!"라는 신조와 원시적인 기술을 사용하여 신속한 결정이 필요한 임무 중에 맞닥뜨린 문제를 해결하였다. 우주 비행 관제 센터 이야기는 우주 비행의 첫 10년간에 벌어진 역경을 극복하여 모든 우주인을 무사히 귀환하도록 한 리더십, 신뢰, 공통된 가치 그리고 팀워크에 관한 것이다. 이 중에서 산소 탱크가 폭발한 아폴로 13호의 승무원이 무사히 귀환한 것은 우리의 "최고의 순간"이 아니었나 생각한다.

하지만 아폴로 임무와 인류의 달 탐험에는 더 많은 놀라운 이야기가 있으며, 그 이야기들은 이 책의 페이지를 따라 연대기적으로 잘 기록되어 있다.

나의 우주 비행 관련 경력은 1960년, 최초의 비행 감독관인 크리스 크래프트 박사(Dr Chris Kraft) 지휘 아래 머큐리 계획에 참여하면서 시작되었으며, 그 이후에 제미니와 아폴로 계획에도 참여하였다.

우리의 성공에 대한 찬사는 나와 함께 우주 비행 관제 센터에서 일했던 젊은 엔지니어와 기술자로 구성된 팀이 받아야 한다.

머큐리, 제미니, 아폴로 프로그램을 함께 한 직원들은 가족처럼 똘똘 뭉쳤으며, 각 프로그램은 우리에게 최선을 요구했고 함께 일함으로써 우리는 달에 도달하려는 목표를 실현할 수 있었다. 달에 도착하기 위한 투쟁은 무수한 서적, 텔레비전 특별 방송 및 박물관 전시에 기록되어 있지만, 프로그램을 진행했던 시절의 원천 자료를 현실로 가져와 읽는 것만큼 생생한 것은 없다. 하지만 이 책의 재발간을 통해 이러한 자료를 볼 수 있게 되었다.

여기에서 독자는 베르너 폰 브라운 박사(Dr Wernher von Braun)의 초기 문서와 달을 향한 노력을 나타내고 있는 중요한 결정을 내리게 된 메모, 필자가 직접 작성한 아폴로 13호 비행 일지를 발췌한 내용 등을 볼 수 있다. 이 역사적으로 특별한 기념품을 보고 있으면 인간이 우주로 나간 첫 여정이 어떻게 이루어졌는지 알 수 있다.

우주를 향한 우리의 여정은 아직 끝나지 않았다. 새로운 세대의 탐험가가 다시 한번 리더십, 정신 및 용기를 찾아 대담하게 나아가서 우리가 시작한 것을 완성하기를 희망하며 이 책이 그 방향으로 나아가는데 의미가 있는 디딤돌이 될 것이다.

진 크란츠 Gene Kranz
전 NASA 비행 감독관 1962~1974

왼쪽 페이지 영화 아폴로 13호에서 승무원들이 그들의 구명정 역할을 한 달 착륙선 아쿠아리우스에서 추위를 견디고 있다. 왼쪽에서부터 프레드 헤이즈 역의 빌 팩스턴, 잭 스위가르트 역의 캐빈 베이컨 그리고 짐 로벨 역의 톰 행크스이다.

저자 서문

1968년에서 1972년까지 미국은
9개의 작은 우주선을 달로 발사하였다.

이 중에서 6대는 성공적으로 착륙을 했고, 이는 각각 이전에 발사한 우주선의 성공에 힘입어 가능한 것이었다. 그것은 놀라운 시간이었고 우주 탐사의 황금시대라고 부른다.

하지만 다른 국가들의 많은 노력 또한 우리의 이웃 달로 확대되었다. 특히 소련은 달로 향한 미국과의 경쟁에서 승리하고자 엄청난 자금과 국력을 투입하였고 거의 성공했었다(자세한 내용은 이 책의 내용에 나와 있다). 일본, 인도, 중국 및 기타 국가들도 무인 탐사선을 달로 보냈거나 보낼 계획을 세우고 있으며, 특히 중국은 유인 달 탐사를 적극적으로 계획하고 있다. NASA가 50년의 공백기 후에 다시 달로 돌아갈 때쯤에는 이미 중국 우주비행사들이 머물고 있을 가능성도 있다.

하지만 미국은 스스로 세운 기록을 깨나가고 있다. 이 책은 주로 달 탐험의 역사를 다루고 있지만 탐험자적인 여러 계획을 진행하면서 작성된 미국 NASA와 이보다는 조금 적지만 소련의 기록과 같이 다채롭고 흥미로운 자료도 상당히 포함되어 있다. 이 아카이브에는 영웅적으로 고군분투하는 놀라운 이야기가 담겨있지만, 일반인들은 거의 본 적이 없을 것이다. 내부 문건, 비행 요약과 우주로 나가는 방법에 관한 연구 기획 등과 같은 것을 기대할 것으로 생각된다. 하지만 숨겨져 있는 내용도 역시 우주 역사에서의 보석이라 할 수 있다.

평범하면서도 비범한 몇 가지 사례가 이 책 안에 담겨있다. 아폴로 11호의 결과 보고서는 오늘날에도 많이 읽고 있으며, "머큐리 계획"의 이름을 "우주비행사 계획"으로 바꾸려는 시도가 담긴 오랫동안 숨겨져 있던 색이 바랜 메모도 볼 수 있다. 또한 소련의 승리를 묘사한 신문과 아폴로 11호의 하강 경로, 아폴로 13호 위기 상황에서도 한결같은 필적으로 진 크란츠(Gene Kranz)가 수기로 작성한 비행 감독관의 일지 원본 같은 자료들도 포함되어 있다.

이 많은 자료를 선별하는 과정은 즐거웠고 스릴 넘쳤다. 우주로 직접 가는 것 이외에는 이 자료를 찾아다니는 것이 아마도 우주 탐험의 스릴을 맛볼 수 있는 최고의 방법이 아닌가 싶다. 이것은 창고에서 무엇을 찾게 될지 알 수 없는 기분은 마치 잃어버린 성궤의 추적자들(Raiders of the Lost Ark. 1981년 개봉한 해리슨 포드 주연, 스티븐 스필버그 감독의 영화, 국내에는 "레이더스"라는 제목으로 1982년에 개봉하였다, 역자주)의 마지막 장면으로 점점 다가가는 것 같다.

만약, 미국 항공우주박물관이나 캔사스 코스모피어, 케네디 우주 센터, 존슨 우주 센터 혹은 다른 어떤 우주 비행과 관련된 박물관에 가게 되면 정말 즐거운 관람이 될 것이다. 인류의 가장 위대한 탐험에 더 깊은 의미를 부여하는 기술을 보는 것이 무엇보다 중요하다. 다행히도 이 책에는 아주 특별한 내용이 많이 포함되어 있어 이로 인해 독자의 이해를 도울 뿐 아니라 우주를 탐험하고자 하는 열정을 불사르게 해줄 것이다. 아폴로 15호의 사령관이었던 데이브 스캇(Dave Scott)이 남긴 유명한 말과 같이 인간은 탐험을 해야 하기 때문이다("Man must explore").

로드 파일 Rod Pyle

왼쪽 페이지 성조기가 달 표면에 꽂혀 있다. 이 당시에는 우주인들이 깃봉을 달 표면 깊이 꽂아 넣을 수 있어서 아폴로 11호 때와 같이 우주선이 이륙해도 깃발이 쓰러지지 않았다. 피트 콘래드(Pete Conrad)는 더욱 더 심각한 순간에 깃발을 펼쳤다. 이때 깃발의 상단에는 와이어가 설치되어 있어 공기가 없는 달에서 마치 깃발이 펄럭이는 것과 같이 보였다.

이 책의 사용법

증강 현실을 이용한 달 탐험

1. 다운로드

www.apple.com/itunes 혹은 www.android.com/apps에서
'Missions to the Moon' 앱을 설치하고 스마트 기기에서 실행합니다.

2. 인터랙티브 아이콘이 있는 페이지를 스캔

AR 비디오	AR 오디오	AR 문서	AR 모델

이 이미지는 NASA
자료실에 있는 동영상을
실행하여 역사를 실감나게
보여줍니다.

이 이미지는 관련된
사람들의 육성으로 담긴
이야기 오디오 클립을
실행합니다.

이 아이콘은 달 탐험과
관련된 중요한 문서를
스마트폰이나 태블릿에서
보여줍니다.

이 아이콘은 중요한 우주선의
360° 랜더링 이미지를 보여주며,
스마트 디바이스에서 돌려보며
살펴볼 수 있습니다.

Powered by **Digital Magic**®

CHAPTER
ONE

인 간 과 달

인간이 하늘의 달을 보며 그 본성에 대해 궁금해하지 않은 적은 없다.
많은 문화권에서 달은 호기심을 뛰어넘는 중요성을 지니고 있었다.

달은 무엇보다 위성이 돌고 있는 다른 행성과 비교했을 때 태양계에서 상대적인 크기가 가장 큰 위성이다. 지구에서 약 38만km 밖에 떨어져 있지 않은 달은 어떠한 모습을 하고 있든지 우리의 하늘을 지배하고 있다. 달의 모습은 시인, 점성가, 달력 제작자, 제사장 및 군벌에게 영향을 주었으며 우리의 밤을 밝히고 우리의 꿈속에 나타나기도 하였다. 달은 인간 정신의 야간 조명이라고 할 수 있다.

다양한 신화와 전설 중에서도 달이 차지하는 비중은 높다. 고대 수메르에서는 달을 난나(Nanna) 혹은 남마르(Nammar)라고 하였으며, 측정과 달력을 지배하는 존재였다. 고대 이집트에서 달은 "라(Ra)의 마음과 혀"를 의미하는 신 토트 또는 삶과 죽음, 출산을 관장하는 신 오시리스로 여겨졌다.

또한, 그리스인들은 달을 밤의 여신 셀레네라 불렀다. 셀레네는 태양의 신 헬리오스와 새벽의 여신 에오스의 누이이며, 밤의 중심에 있었다. 이후 셀레네는 자연의 여신 아르테미스와 동일시되었으며, 로마에서는 나중에 디아나가 되는 달의 여신 루나로 연결되었다.

다른 문명에서도 달에 대한 다양한 해석을 하고 있다. 예를 들어 고대 중국에서는 영원불멸의 만병통치약을 준비하는 여신 창에(Chang'e)의 동반자인 달에 있는 토끼를 상상했다. 하지만 17세기 초부터는 이러한 생각이 바뀌게 되었다. 저명한 천문학자인 요하네스 케플러가 작성한 "꿈"이라고 하는 논문에는 젊은 사람이 달을 여행하는 내용이 담겨있는데 이때부터 달로의 여행이 비록 희미하지만 구체화되기 시작하였다.

1865년 프랑스의 쥘 베른(Jules Verne)은 "지구에서 달까지(Earth to the Moon)"를 출간하면서 의미 있는 발걸음을 내딛게 되었다. 이 소설에서는 3명의 사업가가 콜럼비아드호라고 이름 붙인 거대한 대포알을 타고 불확실한 운명을 만나기 위해 달 여행을 떠나게 된다. 러시아 교사인 콘스탄틴 치올콥스키(Konstantin Tsiolkovsky)는 진정한 달 여행에 관한 최초의 연구를 진행하였으며, 1883년에는 화학 연료 로켓을 이용한 자유로운 우주 비행에 관한 책을 출간하였다. 이후 그는 휴대용 공기, 다단계 연소 및 최첨단 극저온 연료에 관해서도 이야기하였다. 이러한 작업을 비롯한 여러 연구는 러시아와 서방 국가의 우주 개척 세대에게 영감을 주었다.

이런 거장들 사이에서 H G 웰스(H G Wells)는 "최초로 달에 간 사람(The First Men in the Moon)"을 1901년에 출간하였다. 쥘 베른과 같은 과학적인 엄격함은 없지만, 보다 상상력을 많이 동원하여 반중력 페인트를 칠한 철로 만든 구체를 타고 괴짜 과학자와 아무짝에도 쓸모 없는 그의 파트너가 달을 여행하는 내용이다. 그곳에서 그들은 느릿느릿 움직이는 달의 암소와 위험한 식물 그리고 발달된 종족인 인간형 곤충 셀레나이트족을 만나게 되었고, 결국 주인공은 달에 남아 셀레나이트에게 인간의 사악한 본능에 대해 가르치고 파트너만 지구로 돌아온다는 내용을 담고 있다.

왼쪽 로마의 달의 여신 루나. 그리스에서는 셀레네라고 하며, 그리스에서 가장 오래된 신 중의 하나이다. 초승달이 여신의 머리 위에 있다.

박쥐 남자가 달에 있다.

1835년, 뉴욕선(New York Sun)지는 다음과 같은 기사를 냈다. :
**영국 왕립학회 회원인 존 허셜 경이 최근 희망봉에서
위대한 천문학적 발견을 하였다.**

가장 저명한 천문학자인 존 허셜 경이 달에서 발견한 생명체를 자
세히 설명하였다. 허셜은 달 버팔로, 살아있는 비치볼, 푸른 유니
콘, 두 발로 걷는 비버, 그리고 이 중에서 가장 매혹적인 것은 박
쥐 남자라고 했다. 이 기사는 케임브리지 대학 출신의 리처드 아
담스 로크(Richard Adams Locke)가 저지른 사기극으로 소문이
널리 퍼질 것으로 생각하였으며, 이 신문은 공식적으로 사기라는
것을 인정하지 않았다.

오른쪽 날개가 달린 박쥐 남자(그리고 여자) 그리고 다른 상상 속의 동물들
은 1835년에 뉴욕선지에 가짜 뉴스로 게재되었다. 저명한 천문학자인 허셜
은 출간 전에 이에 대한 논의가 없었기 때문에 기분이 좋지 않았다.

> 흰색의 불꽃으로 둘러싸인 공 모양의
> 처녀를 인간은 달이라고 부른다.
> (퍼시 비시 셸리, "구름" 중에서)

프랑스의 달

위 조르주 멜리에스(Georges Méliès) 감독의 영화 달세계 여행(Le Voyage dans la Lune)의 한 장면이다.

아래 젊은 시절의 쥘 베른. 현대 공상과학 소설의 아버지라 불린다. 베른은 과학과 기술을 향한 끝없는 열정으로 글을 썼다.

영화 산업이 태동하던 1902년, 프랑스인 조르주 멜리에스(Georges Méliès)는 달세계 여행(Le Voyage dans la Lune)이라는 단순한 이름의 명작 영화를 제작하였다. 오페레타 무대에서 사용하는 것과 같이 판자와 도르래를 이용하여 세트를 제작하였으며, 이 영화의 상징이라고 할 수 있는 달에 부딪히는 장면을 비롯하여 여러 특수 기법들은 당시에는 매우 인상적이었다. 베른과 웰즈에게서 영감을 받은 이 영화는 도입부에 베른의 소설에 등장하는 대포알 우주선이 나타난다.

지구에서 달까지와 최초로 달에 간 사람 모두 지구에서 가장 가까운 이웃을 여행하는 것에 관한 빅토리아 시대의 생각을 선명하게 보여준다. 이것은 치올콥스키의 글을 통한 실낱같은 과학에 의한 매혹적인 생각이지만 1930년대에 젊고 카리스마 넘치는 독일 귀족이 이 아이디어를 조합하여 실제로 인간을 달로 보내는 로켓에 관한 기초를 만들기 시작하였다.

왼쪽 페이지 왼쪽 만세! : 쥘 베른 소설 중 지구에서 달까지(De la Terre ſ la Lune)의 한 장면이다., 1865.

왼쪽 페이지 오른쪽 발사, 출발! : 베른의 달 탐험선 콜롬비아드호는 274m짜리 대포가 우주로 발사되었다.

왼쪽 위 1865년에 출판된 쥘 베른의 지구에서 달까지는 대포였던 우주선을 통해 다른 행성으로 여행할 가능성을 주장하면서 새로운 장을 열었다.

CHAPTER
TWO

V 로켓,
하늘을 날다

유럽에 전운이 맴돌던 1912년 3월, 베르너 마그누스 막시밀리안 프라이헬 폰 브라운(Wernher Magnus Maximilian Freiherr von Braun)이 독일 제국에 있는 비르지츠(Wirsitz)에서 태어났다. 그의 아버지는 공무원이고 어머니는 중세 독일 귀족의 후손이다.

젊은 시절. 폰 브라운은 작은 망원경으로 달과 행성을 관찰하였다. 1932년까지 그는 엔지니어이며, 독일 로켓 기술의 아버지라 할 수 있는 헤르만 오베르트(Hermann Oberth)의 저서 "로켓을 이용한 행성간 여행(Rocket into Planetary Space :Die Rakete zu den Planetenräumen)"을 포함한 여러 책을 열심히 읽는 독자였다. 폰 브라운의 교육 배경은 과학이지만 적극적인 상상력을 지니고 있었으며 이 조합은 이후 그의 삶에 도움이 되었다.

오베르트와 다른 공상가들로부터 큰 영향을 받은 폰 브라운은 아돌프 히틀러의 나치를 위한 전쟁 무기 개발을 통해 로켓에 대한 열정을 쏟아내게 되었다. 폰 브라운(Von Braun)의 귀족 혈통과 박사 학위 논문(액체 추진 로켓 문제에 대한 건설, 이론 및 실험 솔루션)은 독일의 전쟁에 대한 신속한 통합을 이끌었다.

1937년, 폰 브라운은 공식적으로 나치였으며 독일의 페네뮌데(Peenemünde)에서 로켓 추진 무기를 개발하였다. 그가 나치당에 가입한 것이 그의 선택이었는지 혹은 강압에 의한 것인지는 미국과 독일 정부 양쪽에서 공식적으로 발표된 것은 없지만 여기에 대해 폰 브라운은 스스로 다음과 같이 언급하였다.

폰 브라운 : 나는 공식적으로 국가 사회주의당에 가입할 것을 요구받았다. 그 당시(1937년), 나는 이미 페네뮌데에 있는 육군 로켓 센터의 기술 임원이었고, 나치 가입을 거부하는 것은 내가 평생 일해온 곳에서 쫓겨나게 된다는 의미였다. 그래서 나치 가입을 결심했다. 나는 당원으로서 어떠한 정치적인 활동에도 연관되지 않았다. 1940년 봄, SS의 뮐러(Müller) 대령은 페네뮌데에 있는 사무실에서 나를 만나 SS 친위대장인 하인리히 히믈러가 그를 내게 보냈으며, 내가 SS에 가입하도록 재촉하라는 명령을 받았다고 말했다. 나는 즉시 나의 상관인 W 도른베르그 중장에게 연락했다. 그는 내가 우리의 공동 작업을 계속 진행하고 싶다면 SS에 가입하는 방법밖에 없다고 말했다.

마이클 누필드(Michael Neufeld)저,
폰 브라운(Von Braun) : 우주 몽상가, 전쟁 기술자(Dreamer of Space Engineer of War), 2007

아래 1930년, 로켓의 열렬한 팬이었던 젊은 날의 폰 브라운의 모습(오른쪽에서 두 번째). 그는 낡은 불꽃놀이용 고체 연료 로켓을 이보다는 복잡하지만 강력하고 제어가 가능한 액체 연료 로켓으로 재빠르게 전환시켰다.

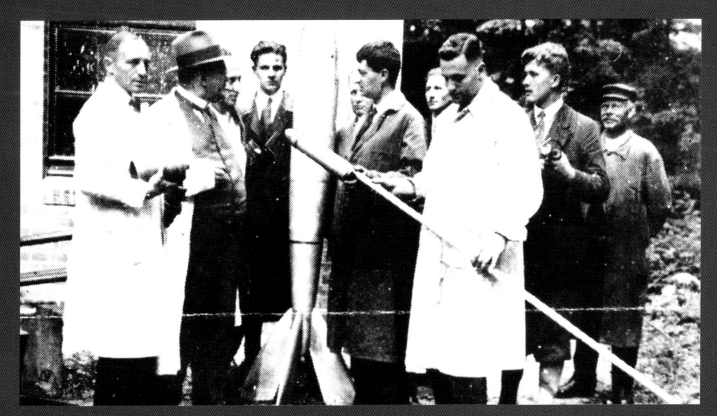

목표 : 맨하탄

히틀러는 그의 놀라운 무기로 미국의 심장부를 공격하기를 꿈꿨다. 1930년대 초, 독일 학생이었던 오이겐 젠거(Eugen Sänger)는 이 임무를 완수할 수 있는 로켓 글라이더(혹은 스킵 폭격기 "skip-bomber")를 설계하였다. 이것은 실버버드(Silverbird)라고 명명되었으며 3.2km 길이의 기다란 선로를 이용하여 발사하도록 되어 있었다. 발사 후 장착된 로켓을 이용하여 144.8km의 고도로 올라가 하강하기 시작하며 목표 지점에 도착하기 전까지 대기의 밀도가 높은 부분 위로 튀어가면서 비행한다. 1,816kg의 폭약을 장착할 수 있었으며, 이론적으로는 흥미롭지만 실현이 불가능하여 풍동 실험을 끝으로 마무리됐다.

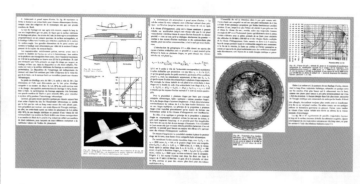

위 1948년 프랑스에서 발행된 문서. 인상적인 설계도에 나와 있는 실버버드 스킵 폭격기는 예상했던 속도에서는 대기로 인한 열을 견딜 수 없었을 것이다.

페네뮌데에 있는 고등 기술 연구소에서 폰 브라운은 연합군 표적을 공격하기 위한 "복수를 위한 무기(vengeance weapons)"를 창조하고 시험했으며 발사했다. 복수 1호 혹은 V1은 밸브가 없는 자립형 엔진인 펄스젯 엔진을 채용하였으며, 비행 중에는 단지 연료만 넣으면 작동하였다. 영국에서는 V1을 "소리 나는 폭탄" 혹은 "개미지옥"으로 불렀는데 영국이 붙인 이름처럼 V1은 순식간에 영국 공군의 사소한 골칫덩이로 전락하였다. 하지만 그 이후에 나온 놀라운 무기의 새로운 장을 열었다.

폰 브라운이 다음에 만든 작품은 가장 유명한 V2 로켓이다. V1과는 머리글자만 같을 뿐, V2는 세계 최초의 탄도 미사일이었다. 첫 V2는 1944년 9월 7일에 발사되었으며 공격한 지역에 혼란을 일으킬 만한 정도의 폭약을 장착할 수 있었다. V2는 초음속으로 하늘에서 목표 지점으로 떨어지는 진정한 공포의 무기였다.

V2에는 997kg의 폭약을 장착할 수 있었고, 길이는 13.8m, 폭은 1.8m였다. 연료인 알코올과 액체 산소를 싣고 72,480kg의 추력을 낼 수 있었으며, 작전반경은 320km였다. V2는 당시에는 매우 정교한 기술인 자이로스코프를 이용한 제어를 활용한 유도 시스템을 이용하였는데 그 정확도는 목표물에서 수 km 이내 정도였다. 요즘의 기준으로는 그다지 인상적이지 않지만 비행기에 폭탄을 싣고 가서 수동으로 떨어뜨리는 시대에는 매우 진보적인 기술이었다.

V2가 성공적으로 런던을 공격하였다는 소식을 들은 폰 브라운은 다음과 같이 말했다. : "V2 로켓은 엉뚱한 행성에 떨어졌다는 것을 제외하고는 완벽히 작동하였다…"(NASA 역사 웹사이트, http://sse.jpl.nasa.gov/). 공격 이후 그는 깊은 우울감을 느끼게 되었다고 주장하였다. 전쟁 과정에서 그는 3,200번 이상 후회를 느낄 수 있는 기회가 있었다. V2가 첫 비행을 한 이후, 연합군은 페네뮌데를 무자비하게 공습하였고, 이로 인해 폰 브라운의 본부는 독일 북부에 있는 하르츠 산지(Harz Mountains)로 옮기게 되었다. 그곳에는 암석 지대에 수 킬로미터 깊이로 판 여러 개의 터널이 있었는데 여기서 수만 명의 유태인, 폴란드인 및 기타 나치 독일의 포로들이 전쟁에서 사용할 히틀러의 로켓을 만들다가 죽음에 이르기도 하였다.

V2가 남긴 유산에는 미국인을 최초로 우주로 발사한 레드스톤(Redstone) 로켓과 새턴 V(Saturn V) 로켓의 조상 그리고 새턴(Saturn) 로켓의 초기 모델이 포함되지만 전쟁에서 물려받은 어두운 유산 또한 남아 있다. V2는 전쟁 기간 동안 약 7,300명을 학살했으며 독일의 노예가 된 약 20,000여 명의 노동자들이 로켓을 제조하다가 사망하였다. 이 화려한 기계의 부끄러운 유산이지만 도덕적 진공 상태에서 기술은 서서히 발전하였다.

독일의 패색이 짙어지자 폰 브라운과 그의 동료들은 그들이 표적이 되었다는 사실을 깨달았다. 러시아와 미국은 그들의 로켓에 관한 전문 지식을 원했고 히틀러는 적에게 그 지식을 부정하기 위해 그들이 죽기를 원했다. 영화에서나 볼법한 첩보 작전을 통해 폰 브라운과 120명의 동료들은 미국에 항복하게 되었고 그날 간접적으로 아폴로 계획이 탄생하게 되었다.

왼쪽 페이지 아래 V2 로켓이 1944년 독일에서 시험을 준비하고 있는 모습. 관찰의 목적으로 흰색과 검은색 도장이 되어 있으며 실제 무기로 사용 시에는 위장 도색으로 교체되었다.

왼쪽 베르너 폰 브라운의 감독 아래 V2 로켓이 페네뮌데에서 발사되는 모습. 액체 산소와 알코올을 연료로 사용하는 V2는 강력한 화력을 지닌 탄두를 320km 떨어진 곳으로 옮길 수 있었다.

위 V2 로켓의 머리 부분. 저장고에서 로켓이 나오고 있다. 꼬리 부분은 위장 막으로 둘러싸여 있다.

복수(Vengeance) 1

V2의 원조격인 V1은 날개 달린 폭탄으로써 하늘에서 지상을 공격하는 새로운 방법을 제시하였다. 순항 미사일의 초기 형태를 한 V1은 경사진 발사대에서 발사되어 벨기에와 영국의 목표 지점으로 향했다. 연소 중에 펄스가 발생하는 자립적 펄스 엔진이 V1을 움직였다. 하지만 "개미지옥"은 시끄러우면서도 느렸기 때문에 영국은 V1이 목표물에 도달하기 전에 격추하거나 기능하지 못하도록 하는 전술을 개발할 수 있었고 이로 인해 V2 개발 프로그램이 시작되었다.

왼쪽 엔진이 작동하고 있는 V1의 모습. 목표에 도착하기 전, 엔진은 꺼지고 최종 목적지를 향해 활공하여 충격으로 인해 폭발하게 된다.

조사 관련 메모

미국 정부의 몇몇 인사들은 폰 브라운의 배경에 대해 의구심을 가지고 있었다. 나치 당원이며 친위대 소속이라는 소문이 무성했기 때문이다. 1948년 11월에 작성된 이 메모는 진행 중인 수사 결과의 일부를 자세하게 보여주고 있다.

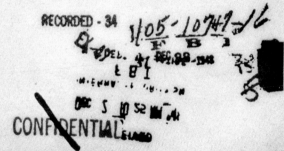

우주 정거장 스케치

커다란 회전 바퀴가 있는 다양한 형태를 고려한 끝에 1964년, 폰 브라운은 보다 간단한 형태의 우주 정거장을 구상하였다.
당시에 이미 존재하고 있던 새턴 로켓을 활용한 작은 규모의 우주 연구실은 구상 단계에서 끝나버렸지만 이후 1970년대에
이와 유사한 형태의 스카이랩 계획이 현실로 이루어졌다.

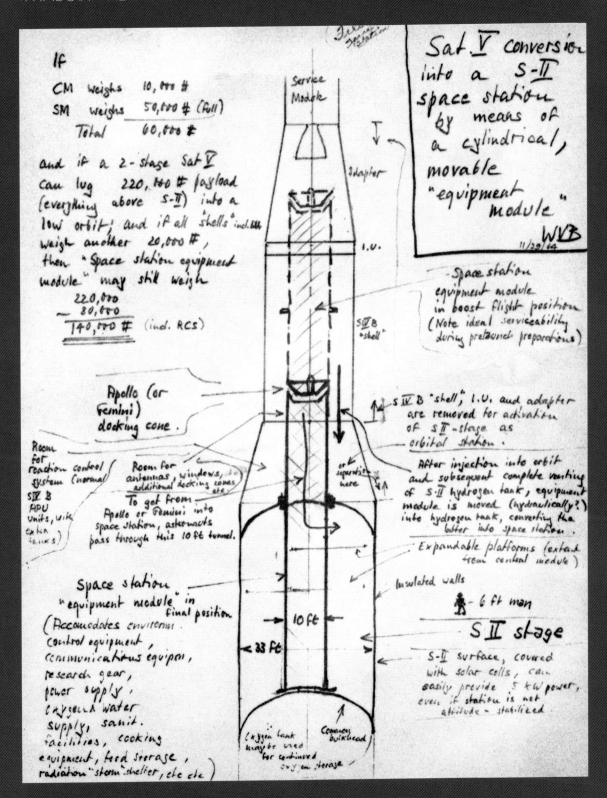

CHAPTER
THREE

붉은 달 아래서
잠들다

1957년, 영국 총리 앤소니 이든이 사임했고 미국의 병사들은 아칸소주 리틀 락에서 인종 차별에 대해 저항하였으며, 미국과 소련은 대륙간 탄도 미사일(ICBM) 실험을 성공적으로 마쳤다.

스푸트니크 1호는 전 세계적인 격변기였던 그해에 가장 큰 영향을 미쳤다. 이 커다란 한 번의 움직임으로 소련은 기술적으로 큰 명성을 얻게 되었고, 미국과 계속 발사가 지체된 미국의 뱅가드(Vanguard) 위성 프로그램은 소련에 뒤처지게 되었다. 미국의 대중은 이에 격분했고 자유세계의 국가들은 미국을 의심스러운 눈초리로 바라보게 되었다. 상원의 원이었던 린든 존슨(Lyndon Johnson)은 다음과 같이 비평하였다. : "우주를 지배한다는 것은 세상을 지배하는 것이다! [알렌 와서(Alan Wasser), "LBJ(린든 B. 존슨)의 우주 경쟁 : 그때 우리가 몰랐던 것들(LBJ's Space Race: what we didn't know then)", 우주 리뷰 (The Space Review)(웹사이트명), 2005.]"

미국의 노력은 지지부진했다. 멜론 크기의 위성을 발사하는 해군의 뱅가드 계획은 우주로 가는 것에 대한 부정적인 주장에 의해 진행이 힘들었다.

라이카(Laika)

1957년 11월 3일에 발사한 스푸트니크 2호의 안에는 모스크바 거리에서 발견한 무게 5kg, 3살짜리 떠돌이 개 '라이카'가 타고 있었다. 라이카는 원래 독극물을 통해 10일 날 안락사될 예정이었으나, 온도 제어 시스템의 이상으로 인해, 발사 후 몇 시간 뒤에 죽음을 맞게 되었다. 소련의 수석 설계자였던 세르게이 코롤료프(Sergei Korolev)는 라이카의 죽음에 마음 아파했다. 스푸트니크 2호는 결국 5개월 뒤에 지구로 재진입하였으며, 우주선과 사망한 탑승객은 함께 불타버렸다.

위 발사 직후 발생한 온도 제어 시스템의 고장으로 인해 라이카는 6시간밖에 생존하지 못했다. 라이카의 죽음은 수십 년 동안 서방세계에 비밀로 부쳐졌다.

위 뱅가드의 불명예스러운 출발. 1957년 12월 6일, 수많은 기자들이 보는 앞에서 뱅가드호는 단지 몇 인치만 떠올랐다가 폭발하였고 "Kaputnik!"라는 단어가 신문의 헤드라인으로 실렸다(Kaputnik는 Kaput(고장난, 망가진)과 Sputnik(스푸트니크)의 합성어로써, 고장난 스푸트니크라는 의미이며 기대에 미치지 못한 것이라는 의미로도 사용된다. 역자주). 결국 뱅가드는 폰 브라운의 익스플로러 1호가 발사된 후 3개월 뒤인 1958년 3월 17일에 발사되었다.

지연과 실패로 홍역을 치른 뱅가드는 1957년 12월 6일, TV로 발사가 중계되었지만, 발사대에서 불과 몇 인치 떠오른 후 마치 숨이 멎은 듯 잠시 멈춘 뒤 불꽃과 연기 구름 속으로 무너져버렸다. 여기에 탑재되어 있던 위성은 발사탑에서 수 미터 떨어진 곳으로 굴러내려 화염 속에서 살아날 수 있었는데 이 위성은 오늘날 미국 국립 항공우주박물관에 전시되어 있다. 이는 미국 우주 개발 프로그램의 상처이기도 하지만 용기있게도 위성은 살아남았다.

한편, 소련은 스푸트니크 2호를 지구 궤도에 올렸다. 스푸트니크 2호의 무게는 498kg이며, 여기에는 라이카라는 작은 개가 타고 있었다. 과열로 인해 죽기 전까지 라이카는 우주선 안에서 단지 몇 시간 동안 생존했을 뿐이다. 하지만 이 계획은 성공하였으며, 당시 소련의 총리였던 니키타 후르시쵸프(Nikita Khrushchev)는 소련에서 가장 좋은 시간을 보내고 있었다.

미국의 언론들조차도 "Kaputnik", "Stayputnik"(멈춰버린 스푸트니크, 역자주) 심지어 뱅가드를 맹비난하는 "Flopnik"(주저앉은 스푸트니크, 역자주) 같은 단어로 미국 전역 신문 헤드라인을 장식하며 미국의 우주 개발에 부정적인 의견을 쏟아내었다. 당시의 미국 대통령 드와이트 아이젠하워(Dwight Eisenhower)는 이에 기죽지 않고 오히려 분개하였다.

한편, 앨러배마주 헌츠빌에 있는 NASA의 로켓 시설에서 들끓는 분개를 지켜보았다. 한참 전에 폰 브라운은 미 육군에 그의 기술자들이 이미 검증된 로켓 부스터(심지어 고고도 재진입 시험에도 사용한 적이 있다)를 이용하여 위성을 궤도에 올리자는 제안을 한 적이 있었다. 독일인(독일계 미국인이긴 하지만)들이 자유 세계의 첫 번째 위성을 발사하도록 상원을 설득하는 것은 매우 어려웠다. 하지만 미국은 소련에 뒤처져 있었기 때문에 전 나치의 로켓 과학자들에게 기회를 줄 시기가 되었다. 역사의 그 시점에서 그들은 차악으로 간주되었다.

그전까지 폰 브라운은 독일의 V2를 통해 미국의 새로운 발사체를 개발하기 위해 노력 중이었다. 제2차 세계대전이 끝난 후 수십 년간 V2는 일련의 로켓을 만드는 성과를 낳아 그 결과로 레드스톤(첫 번째 머큐리 우주선 발사 때 사용됨)과 1985년 1월 31일에 익스플로러 1호를 궤도로 쏘아 올린 주피터-C(Jupiter-C) 로켓이 탄생하였다.

작은 로켓처럼 생긴 익스플로러 1호는 캘리포니아주 파사데나에 있는 제트 추진 연구소(Jet Propulsion Laboratory)에서 설계하였다. 계획에서 제작까지 단 84일이 걸렸으며, 스푸트니크 1호가 발사된 뒤 1개월 후에 발사되었다. 또한 스푸트니크 1호보다 더 향상된 기능을 가지고 있었다.

스푸트니크는 90분마다 궤도를 돌며 전파로 비프음을 자본주의 세계에 발신하며 그 존재감을 자랑스럽게 알리는 정치적 선전 패키지였다. 익스플로러는 14kg의 무게를 가지고 있고 우주선(Cosmic Ray), 미세한 운석 충돌, 지구 궤도의 온도를 측정하는 장비를 탑재하고 있었다. 익스플로러는 밴 앨런복사대(Van Allen radiation belts : 지구를 둘러싸고 있는 고에너지 하전 입자 지대)를 발견하였고 이 발견은 미래의 우주 비행에 위협이 될 것으로 우려되었다.

2월에는 우주선 감지기가 장착된 스푸트니크 3호가 발사되었으나 발사 후 장비가 고장이 나버렸다. 두 초 강대국은 발사를 성공할 때마다 서로를 앞서 나가려 했고 공식적으로 우주 경쟁이 시작되었다. 로켓 개발은 양국에서 엄청난 흥분을 불러일으켰다. 이와는 별도로 한 달 뒤에 미해군은 뱅가드 위성을 궤도에 올렸다. 하지만 그때까지 미국과 소련은 기술적으로 앞서기 위한 전투를 벌이고 있었다.

사람보다 먼저 우주에 간 로봇

소련이 최초로 한 건 유인 비행뿐만이 아니었다. 일련의 크고 무거운 로봇 탐사선이 달 주변으로 정찰을 시작했으며 이 우주선들은 1959년에서 1976년에 가까이 있는 태양계 행성으로 첫 번째 정찰을 하기도 했다. 주목할만한 업적은 다음과 같다. 루나 2호 : 달과 충돌한 최초의 인공물. 루나 3호 : 달의 뒷면을 최초로 촬영. 루나 9호 : 달 표면에 최초로 연착륙.

위 루나 3호 탐사선. 서방의 경쟁자들과는 외관이 다른 소련의 탐사선은 크고 무거웠지만, 성능은 인상적이었다.

왼쪽 페이지 주피터–C 로켓에 실려 발사되고 있는 익스플로러 1호는 성능이 향상된 레드스톤 미사일이라 할 수 있었다. 꼭대기에 있는 원통형 부분은 빠르게 회전하여 우주선이 부스터에서 분리될 때 안정성을 준다. 익스플로러 1호는 1958년 1월에 성공적으로 발사되었다.

오른쪽 결국에는 성공. 오른쪽에서부터 베르너 폰 브라운 박사, 제임스 반 알렌 박사와 윌리엄 피커링 박사가 익스플로러 1호를 잡고 기자들을 위해 포즈를 취하고 있다. 스푸트니크 1호는 84kg이었지만, 익스플로러호는 13kg을 조금 넘는 정도였다.

목표는 인간을 우주로 보내는 첫 번째 국가가 되는 것이었다. 소련은 그들의 강력한 로켓을 바탕으로 경쟁에서 한참 앞서 있었다. 소련의 수석 설계자였던 세르게이 코롤료프(Sergei Korolev)는 소형 로켓을 다발로 묶어 엄청난 힘을 끌어내었고 미국의 폰 브라운과 그의 동료들은 기술적으로 향상된(그리고 비싼) 방법으로 접근하고 있었다.

1961년 3월 9일, 소련은 로켓 상단부 캡슐에 유리 가가린(Yuri Gagarin)을 태운 보스토크 로켓을 발사하여 궤도에 올렸다. 가가린의 잘생긴 얼굴은 전 세계에 생중계되었고, 그는 창밖으로 보이는 푸른 지구의 놀라운 모습을 전달하였다. 소련은 미국을 다시 한번 따돌렸다. 이는 큰 한걸음이었지만 점프라고 볼 수는 없었다. 미국은 그해 1월, 침팬지를 준궤도에 올렸고 머큐리 시스템과 관련한 수십 가지 비행 테스트를 진행하였다. 그러나 소련은 인간을 궤도로 올렸고 그로부터 한 시간 이내에 이 소식이 전 세계로 알려지게 되었다. NASA가 씩씩거리고 있는 동안 미국 곳곳에서는 사람들이 하늘을 무심히 쳐다보며 "언제 우리의 차례가 될 것인가?"라고 궁금해했다.

CHAPTER
FOUR

달을 향하여

미국의 대중들은 더 이상 기다릴 수 없었다. 사실 머큐리호는 역사적인 최초의 우주비행사 유리 가가린을 우주로 보낸 보스토크 1호보다 먼저 비행해야 했지만 NASA는 안전을 매우 의식하고 있었다.

항공우주 의료기관은 궤도상의 모든 것을 경계하였다. : 인간이 무중력 상태에서 정신을 잃게 되는지, 발사 때 블랙아웃(비행기가 급상승하거나 선회할 때 작용하는 힘에 의해 피가 다리 쪽으로 쏠려 시야가 어두워지는 현상. 역자주)이 되는 G 포스는 어느 정도인지. 익숙한 지구의 풍경을 떠나 위쪽의 어두운 우주에 갔을 때 위험할 정도로 방향 감각을 상실하게 되는지에 대한 궁금증을 풀기 위해 항공우주의학이 탄생하였다.

소련의 비행은 그것에 대한 두려움을 안고 있었고 1961년 5월 5일은 미국의 차례였다. 앨런 셰퍼드(Alan Shepard)는 레드스톤 로켓 위에 장착된 프리덤 7호(Freedom 7)에 앉아 발사를 기다리고 있었다. 그는 자신감이 넘쳤지만 발사 시간이 계속 연기됨에 따라 초조감을 느꼈으며 몇 시간 동안 참고 참다가 결국에는 소리 질렀다. "좋아. 난 당신들보다 냉정해! 어서 이 초에 불을 붙이자고!"(앤드류 체이킨(Andrew Chaikin), 달 위의 인간 : 아폴로 우주인들의 탐사 여행(A Man on the Moon: The Voyages of the Apollo Astronauts), 1995).

발사 통제관은 마침내 발사에 동의했고 미국 최초의 유인 우주선은 하늘 위로 올라갔다. 그리고 15분 뒤 모든 과정이 종료되었다. 처음의 두 머큐리 우주선은 작은 레드스톤 로켓을 이용하였기 때문에 짧은 탄도 비행만이 가능하였다. 따라서 우주비행사가 임무를 진행하는 동안 마치 궤도에 있는 것처럼 출력을 조절하고 재진입을 준비하며 역추진 로켓을 점화하는 것과 같은 조작이 전혀 필요하지 않았다. 머큐리 캡슐의 이 첫 두 번의 비행은 사실 대포알과 같이 탄도 궤적을 따라 올라갔다가 내려오는 것이었다.

미국 최초의 유인 비행 후 몇 주 뒤에 미국 대통령 존 F. 케네디(John F. Kennedy)는 하원 연설에서 대담한 발걸음을 내디뎠다. 그는 엄청난 가격과 위험에도 불구하고 달에 함께 도전하자고 했으며 이에 이 모험에 대한 광범위한 지원이 뒤따랐고 달에 대한 경쟁이 시작되었다. 미국은 고지를 점령하길 원했다.

1961년 7월 21일, 셰퍼드가 비행하고 두 달 반이 지났을 무렵, 거스 그리섬(Gus Grissom)은 셰퍼드와 유사한 비행을 했다. 그가 탑승한 캡슐은 대서양에 침몰하였지만, 그는 구조되었다. 그리섬이 비행을 한 1주 뒤, 게먼 티토프(Gherman Titov)가 보스토크를 타고 궤도로 올라가 꼬박 하루 동안 있었다. 이제 소련의 우주선은 하루 반 동안 궤도에 머물 수 있게 되었으나 미국인들은 겨우 30분에 불과하였다. NASA는 불안에 떨었고 의회는 화를 내었다. 그 후, 1962년 2월 20일, 존 글렌(John Glenn)은 우주 개발의 역사를 바꾸고 미국의 도약을 되찾아올 만한 기회를 쥐게 되었다. 그는 비상 센서의 오작동으로 인해 임무 통제실에서 그를 계획보다 일찍 귀환시키기 전까지 지구 궤도를 3바퀴 돌았다. 이후 머큐리 계획이 종료될 때까지 3대의 머큐리

거의 죽을뻔한 여행

알렉세이 레오노프가 보스호트 2호를 타고 궤도에 올라 12분간 우주 유영을 했는데 이때 지구로 귀환하지 못할뻔했었다. 레오노프는 공기를 불어 넣는 형태의 사람 키만한 천으로 만든 튜브를 통해 캡슐에서 나왔는데 그의 우주복이 부풀어 오르기 시작하였다. 캡슐로 돌아올 시점이 되었을 때 우주복이 너무 커져서 튜브 속으로 다시 들어갈 수 없었고 수 분간 정정이 흐른 뒤, 레오노프는 수동으로 우주복을 조작하여 캡슐로 다시 들어갈 수 있을 정도의 크기가 될 때까지 공기를 우주복에서 빼냈다. 이것이 인류 최초의 우주 산책이었다.

위 이 희한하게 형상화되고 놀라울 정도로 정확하지 못한 묘사를 한 우표에서 소련은 가장 최근의 승리인 인간 최초의 우주 유영을 축하하였다.

위 맥도날 더글러스사의 공장에서 조립하고 있는 초기 머큐리 캡슐의 모습. 이 캡슐의 무게는 1,360kg으로써 지금까지 비행한 유인 우주선 중에서 가장 작고 가볍다.

우주선이 존 글렌을 궤도에 올려놓은 강력한 아틀라스 로켓을 이용하여 발사되었고 그 이후 2명의 우주인이 탑승하는 제미니 계획이 추진되었다.

머큐리 이후 수년간 우주 경쟁은 매우 뜨거워져 1965년 3월 18일, 제미니 우주선이 발사되기 5일 전에 보스호트 2호가 발사되었으며 여기에 타고 있던 알렉세이 레오노프(Alexei Leonov)는 우주선 밖으로 나와 궤도에서 우주 유영을 한 최초의 인간이 되었다. 이는 매우 위험한 임무였으며 공기 주입식 에어로크가 문제가 있어 보스호트 캡슐로 돌아가는데 문제가 있었지만 레오노프는 성공적으로 돌아왔고 소련은 새로운 뉴스와 기록을 만들었다.

3월 23일, 거스 그리섬과 존 영(John Young)은 새로운 타이탄 로켓에 장착되어 있는 제미니 3호 캡슐에 올라탔다. 그들의 임무는 우주선과 우주선의 비행 능력을 테스트하는 것이었다. 임무는 성공이었고 미래의 제미니 비행을 위한 초석을 마련하게 되었다. 이후 제미니는 9번의 임무를 더 수행

하였으며 각각의 임무는 더욱 더 복잡하고 요구사항이 많아졌다. 6월 3일, 에드 화이트(Ed White)는 미국 최초로 우주 유영을 하였고 이 과정은 레오노프보다 쉽게 이루어졌다. 그 이후 바로 제미니 5호가 그 뒤를 따라 발사되었고 제미니는 2달에 한 번씩 우주로 날아갔다. 제미니 6호와 7호는 1965년 12월 같은 날 발사되었으며(실제로 제미니 6호의 원래 임무는 취소되었고, 새로운 임무를 부여받은 후 제미니 6A로 이름이 바뀌었으며, 6A호와 7호는 1965년 12월 15일 같은 날 발사되었다, 역자주), 서로의 궤도에 안착하고 우주에서 랑데부를 할 수 있게 되었다. 서로 도킹은 하지 않았지만 다른 궤도상에서 서로 불과 수 미터 떨어진 곳에서 랑데부를 했다. 이는 달 착륙 계획에 있어서 매우 중요한 부분이었다.

위 우주로 간 최초의 미국인인 앨런 세퍼드가 머큐리 캡슐에 앉아 있다. 촬영 날짜는 기록되어 있지 않다.

머큐리 계획 이름 변경

1958년, 머큐리 계획이 기획 단계에 있을 때 NASA 랭리(Langley) 센터에 있는 우주 활동 그룹의 수장인 로버트 길루스(Robert Gilruth)는 머큐리 계획의 이름을 바꾸고자 했다. 그는 "머큐리 계획"이라는 이름을 싫어해서 "우주비행사 계획(Project Astronaut)"이라는 이름으로 바꾸기를 제안하였지만, 제안의 내용이 명확하지 않아서 머큐리 계획의 이름은 그대로 유지되었다.

Washington, D. C.
December 12, 1958

MEMORANDUM For Dr. Silverstein

Subject: Change of Manned Satellite Project name from
          "Project Mercury" to "Project Astronaut"

    1.   Bob Gilruth feels that "Project Astronaut" is
a far more suitable name for the Manned Satellite Project
than "Project Mercury."

    2.   If you agree, this should be brought to
Dr. Glennan's attention immediately. Present plans call
for Dr. Glennan to refer to "Project Mercury" in his
policy speech on December 17.

                              George M. Low

Low:lgs

Thought this might interest you

제미니 계획 중에서 8호만이 재난을 만나게 되었다. 닐 암스트롱(Neil Armstrong)이 조종하여 무인 표적기와 도킹한 후 엔진을 점화하여 두 비행체를 보다 높은 궤도로 올라가는 것이 임무였다. 하지만 제미니 캡슐은 천천히 회전하기 시작하였고 표적기 때문에 문제가 생겼다고 판단한 암스트롱은 표적기를 분리하였다. 그러자 제미니 캡슐은 경고가 울릴 단계까지 빠른 속도로 회전하였고 암스트롱은 최선의 판단을 하여 재진입에 사용하는 역추진 로켓을 분사하여 즉시 지구로 귀환하였다. NASA는 우주에서 발생할 뻔했던 재앙을 간신히 피할 수 있었다. 마지막 제미니는 1966년 11월 11일에 발사되었고 짐 로벨(Jim Lovell)과 버즈 올드린(Buzz Aldrin)이 탑승하였다. 이 임무는 마치 교과서와 같이 제미니가 할 수 있는 최고에 가까웠고 멋지게 제미니 계획을 마무리하였다. NASA와 미국의 우주 개발 계획은 순조로웠으며 1967년이 다가옴에 따라 아폴로가 달에 갈 시점이 되었다.

왼쪽 바다에 착륙한 제미니 8호. 닐 암스트롱과 데이브 스캇(Dave Scott)이 우주선 안쪽에 앉아 있다. 이들은 궤도에서 죽을뻔한 사고를 겪었지만 무사히 귀환하였다.

오른쪽 페이지 1964년 6월 3일, 우주비행사 에드 화이트는 미국 최초로 우주 유영을 하였다. 약 22분간 그는 단 한 개의 끈에 의지해 자유롭게 떠다녔다. 가스가 분출되는 작은 가스총을 이용해 몸의 방향을 기본적인 수준에서 조종할 수 있었다. 그 후 피로감을 느껴 어렵게 제미니 캡슐로 귀환하였다.

JFK(미국 대통령 존 F. 케네디를 줄인 말, 역자주)가 방향을 제시하다.

앨런 셰퍼드가 우주 비행을 마친 후 모든 것이 빠르게 움직였다. 단 한 명의 우주비행사가 우주를 다녀왔을 뿐이었지만 대통령 존 F. 케네디는 1961년 5월 12일 국가 전체를 대상으로 하는 국회 연설에서 달에 가야 한다고 했다.

JFK : 저는 이 나라가 10년이 지나기 전에 달에 사람을 착륙시키고 무사히 지구로 돌아올 수 있도록 하는 목표 달성에 전념해야 한다고 생각합니다. 인류에게 이보다 더 인상 깊은 우주 계획은 없을 것이며, 우주 장거리 탐험에 있어서 이보다 더 중요한 것은 없을 것입니다. 그리고 완수하는데 이보다 더 어렵고 비싼 것도 없을 것입니다.

CHAPTER
FIVE

어떻게 달에
갈 것인가 ?

머큐리와 제미니 계획은 모두 성공적이었다. 그러나 아폴로 계획에 가속이 붙음에 따라 NASA의 다른 부서들은 달로 가는 방법을 개발하여 인간을 가장 멀리 보내기 위해 매일 초과근무를 해야 했다.

하드웨어적인 접근 방식이 거의 정의되는 것과 동시에 아폴로 계획을 위한 물리학은 세밀하게 검토 중이었다. 초기에 폰 브라운은 위험한 우주에서의 랑데부 없이 하나의 거대한 로켓을 만들어 달에 가서 착륙하고 귀환하는 방법을 사용하고자 하였다. 그 당시에는 온보드 컴퓨터 없이 우주에서 만나 도킹을 한다는 것은 아주 위험한 일이었다. 머큐리와 제미니의 성공과 디지털 컴퓨터 기술의 발전으로 인해 지구 궤도에서의 랑데부(Earth Orbit Rendezvous : EOR)를 통해 달로 가는 것에 대부분 동의하였다. 다단계의 작은 로켓을 이용하여 모듈화된 우주선을 지구 궤도에서 결합하고 달에 다녀오는 것이다. 하지만 존 휴볼트(John Houbolt)라는 기술자는 NASA의 계획에 반대하였다. 그는 1920년대에 헤르만 오베르트(Hermann Oberth)가 제안한 달 궤도 랑데부(Lunar Orbit Rendezvous : LOR)를 로비하기 시작하였다. 하지만 이 아이디어는 예전에 NASA에서 거세게 반대한 적이 있다. 2개의 우주선이 달로 향하고 한쪽이 착륙하는 동안 다른 한쪽은 궤도에 머무르고 두 우주선이 서로를 찾아내 결합한 뒤, 착륙한 승무원을 태우고 지구로 돌아온다는 이 계획은 믿는 사람조차도 두려워했다.

하지만 휴볼트는 겁먹지 않고 그의 계획을 NASA의 상부에 전달하였다. 주의 깊은 검토를 거쳐 전체적인 질량과 연료를 줄일 수 있는 LOR이 최종 승리자가 되었다. 엔지니어들은 달 궤도에서 랑데부를 시도해야 한다는 점을 걱정했지만, 한편으로는 비행사들이 실패하더라도 어디서 실패하는지가 차이를 만든다는 점을 인정해야 했다.

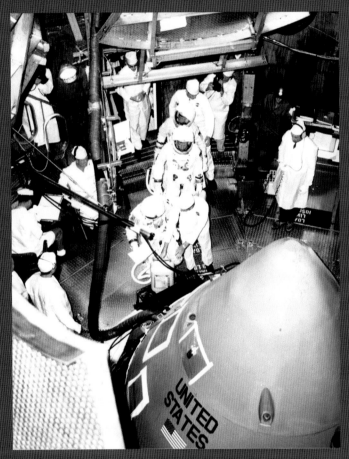

위 아폴로 1호의 비행을 상징하는 로고. 가장자리에 우주인의 이름이 새겨져 있다.

오른쪽 위 거스 그리섬(Gus Grissom), 에드 화이트(Ed White), 로저 채피(Roger Chaffee)가 훈련을 위해 블록 I 아폴로 캡슐로 들어가고 있다. 그들은 가연성 소재로 만든 초창기 아폴로 우주복을 입고 있으나 이는 나중에 교체되었다.

오른쪽 아래 불운하게 사망한 아폴로 1호의 승무원 : 왼쪽으로부터 거스 그리섬, 에드 화이트 그리고 로저 채피. 신입 우주인인 채피는 아폴로 1호가 그의 첫 우주 비행이 될 예정이었다. 이 3명은 아폴로 지상 실험 시 화재로 사망하였다.

제미니의 두 번째 삶

LOR을 통해 달에 가기로 결정이 된 후. NASA 내부의 일부는 우주 경쟁에서 러시아를 이기기 위해 2명이 탑승하는 제미니를 이용해서 달 궤도를 돌고 착륙하는 것을 고려하였다. 이를 이용하면 LOR이 필요 없으며, 이미 존재하고 검증된 우주선을 활용할 수 있다는 장점이 있었다. 그러나 지나고 나서 보니, 제미니를 활용할 경우 약 10억 불 정도를 절약할 수 있고 일정을 6~9개월 줄일 수 있으나, 리스크가 엄청나게 증가하게 된다는 것을 알게 되었다. 아폴로 시스템이 올바른 선택이었다.

오른쪽 달로 직접 향하는 아폴로(Direct Flight Apollo) 연구는 제미니 우주선을 달에 사용하는 것을 합리화하려는 시도 중 하나였다.

오른쪽 페이지 새턴 IB 로켓의 1단계 부분. 보다 더 강력한 새턴 V 로켓에 앞서 개발되었다. 이는 과도기적인 부스터였으며 초기 단계의 아폴로 시험 비행에서 사용되었다.

아래 새까맣게 타버린 아폴로 1호 캡슐의 잔해. 원래 블록 I의 해치는 안쪽으로 열리게 되어 있으며, 볼트로 고정하였기 때문에 지상 테스트에서 화재가 발생했을 때 승무원이 갇히게 되었다. 이후에 개발된 사령선 해치는 1개의 레버로 작동하며 바깥쪽으로 열리도록 만들어졌다.

LOR이 선택된 뒤, 아폴로는 아이디어 단계로부터 빠르게 현실화되었다. 아폴로의 사령선/기계선은 노스 아메리칸 에비에이션사(North American Aviation)에서 제작할 예정이었고(이 회사는 1967년, 노스 아메리칸 락웰사(North American Rockwell)가 된다.), 달 착륙 모듈 계약은 그루먼 에어로스페이스(Grumman Aerospace)가 차지하였다. 그리고 이 두 우주선을 쏘아 올릴 거대한 로켓 제작은 보잉사(Boeing)가 계약하였다.

하지만 여러 문제점이 빠르게 나타나기 시작하였다. 새턴 V 부스터에 장착할 폰 브라운의 거대한 F1 엔진은 초창기에 작은 문제를 보였다. 그루먼에서 제작 중인 달 착륙 모듈은 무게를 상당히 초과하였으며, 노스 아메리칸 에비에이션에서 만든 사령선은 엉망이었다. 1967년 내내 미국의 달 탐험선 제작은 어려움을 겪었다. "블록 I" 버전이라고 하는 초기의 사령선을 이용하여 아폴로를 궤도에 올려 테스트를 진행할 예정이었고, 그 이후에 새로 만든 기능이 향상된 "블록 II" 우주선으로 달에 갈 예정이었다. 블록 I 우주선은 문제가 많았으며 대부분은 배선과 관련된 것이었다. 사령선에는 24km에 달하는 전선이 내부에 깔려 있었으며 검사 요원은 접촉 불량이나 불이 날 가능성이 있는 부분을 계속 찾으려 했다. NASA는 기분이 별로 좋지 않았고 첫 아폴로 비행의 선장으로 예정되어 있던 거스 그리섬은 그의 불쾌한 마음을 표현하기 위해 우주선의 해치에 레몬(레몬은 불량품을 의미한다., 역자주)을 걸어 놓기도 하였다. 많은 아폴로 승무원들은 잦은 고장이 사고를 예견하고 있는 것으로 보았다. 1967년 1월 27일, 일상적인 아폴로 1호 로켓 테스트에서 이러한 두려움이 현실로 나타났다. 첫 아폴로 승무원이었던 거스 그리섬, 에드 화이트, 로저 채피가 아폴로 1호 캡슐 안에 갇혔다. 그들은 플로리다주에 있는 발사대에 서 있던 새턴 IB 부스터 꼭대기에서 모의 카운트다운 테스트를 진행하고 있었다. 사령선은 순수한 산소로 가득 차 있었다. – 우주에서는 0.3447bar(1제곱센티미터당 2kg)의 압력으로써 상대적으로 안전하지만 지상에서든 0.965bar(제곱센티미터당 6.35kg)로써 화재의 위험성이 매우 높다.

LOR 합의

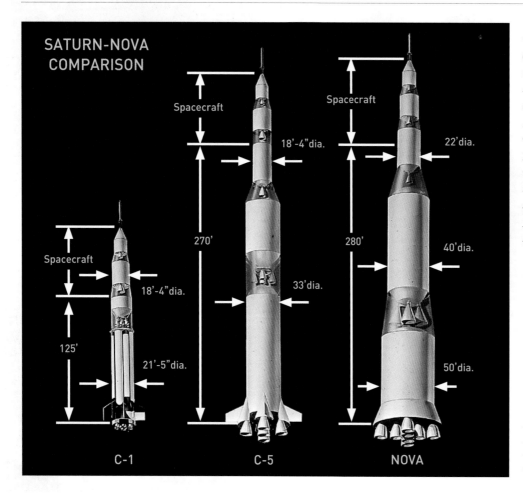

SATURN-NOVA
COMPARISON

Spacecraft

Spacecraft

18'-4"dia.

22'dia.

Spacecraft

270'

280'

40'dia.

18'-4"dia.

33'dia.

125'

50'dia.

21'-5"dia.

C-1   C-5   NOVA

달로 가는 방법을 선택하기 위한 논쟁에서, 앨라배마 헌츠빌에 있는 폰 브라운 팀 기술자들의 본거지인 유인 우주 비행 센터(Manned Space Flight Centre : MSFC)는 EOR을 지지하는 최후의 보루였다. 교착 상태가 예상되었지만 놀랍게도 특히 MSFC의 기술자들과 보다 이전에 노바(Nova)라고 하는 거대한 단일 로켓을 이용해 달 착륙을 할 것이라 예견했던 폰 브라운은 LOR을 승인하기로 결정하였다. 그리고 LOR은 오늘날 우리가 알고 있는 것처럼 아폴로 임무에 적용되었다.

왼쪽 새턴 I을 기준으로 다양한 달 로켓의 크기를 비교한 그림. 왼쪽으로부터 새턴 I, 새턴 V 그리고 노바 로켓이다.

지연과 작은 문제로 인해 시간이 지나고 캡슐 안쪽에 잘못된 배선으로 인해 작은 스파크가 발생하였다. 통제실의 화면에서는 번쩍이는 작은 불빛만 보였을 뿐이다. 음성 전송 회로(voice activated transmission(VOX))를 통해 "여기 불이 났다."라는 간단한 음성에 이어 "불(Fire)!"이라고 외치는 소리가 뒤를 이었다. 플로리다의 발사대에 있던 기술자가 캡슐로 뛰어가 해치를 열어보려고 했지만 불가능했다. 해치가 볼트로 고정이 되어 있었고 해제하는데 오랜 시간이 걸렸기 때문이다. 불은 사령선의 측면으로 번져, 구급대가 접근하기 어려웠고 통제실에서는 바라보기만 할 뿐, 아무것도 할 수 없었다. 이것이 해치가 열리기 전 5분 동안 일어난 일이며 해치를 열고 본 사령선 안쪽의 모습은 끔찍했다. 문제의 원인, 관련된 사람, 책임 소재를 조사하는

동안 아폴로 프로그램은 중지되었다. 조사 결과, 노스 아메리칸 에비에이션이 사령선과 서비스 모듈을 엉터리로 제작하였음이 밝혀졌다. 의회의 몇몇 의원들은 심지어 아폴로 프로그램의 중지를 요구했으며 그중에서 월터 먼데일(Walter Mondale : 미국 정치인, 42대 부통령, 역자주)이 가장 큰 목소리를 내었다. 그러나 미 항공 우주국(NASA)은 제미니 우주비행사 중 베테랑 우주비행사인 프랭크 보먼(Frank Borman)에게 수사의 책임을 맡겼으며, 그의 지속적인 활약으로 아폴로 프로그램을 살릴 수 있었다. 아폴로 블록 I 캡슐은 블록 II 사양으로 광범위한 업그레이드가 이루어졌으며, 무수한 오류도 수정되어 아폴로 계획은 계속 나아갈 수 있었다. 아폴로는 3명의 희생이 있고 난 뒤, 달로 향한 여정을 다시 시작하였다.

아폴로 팩트 시트

당시 아폴로에 관해 NASA의 스페이스 태스크 그룹(Space Task Group)의 로버트 길루스(Robert Gilruth) 이사가
작성한 메모. 그는 우주선과 관련하여 발생할 수 있는 어려움과 작동하기 위한 방식에 대해 기본적인 윤곽을 그렸다.
이 메모는 1962년, 제미니가 머큐리 마크 II로 불리던 때에 작성되어 회람되었다.

MANNED SPACECRAFT CENTER

FACT SHEET

APOLLO SPACECRAFT

Robert R. Gilruth

Apollo Dec or Jan. ca 1962

Spacecraft description

⑫

The Project Apollo spacecraft is a three-man vehicle being designed and constructed for this Country's initial expedition to the lunar surface. This lunar expedition has been made a National program under the direction of the National Aeronautics and Space Administration. The Apollo spacecraft is being specifically designed to be launched by the Saturn series of launch vehicles.

The NASA has assigned the management of the Apollo and Saturn programs to the Manned Spacecraft Center and the Marshall Space Flight Center, respectively. These centers will work closely together in the development of this flight hardware to assure complete compatibility and to optimize such compromises which must be made to settle the not unexpected design conflicts. This melding of programs has already begun. Some early Saturn flights which were initially assigned to the sole purpose of launch-vehicle development are scheduled to carry development and prototype versions of the Apollo spacecraft. These flights will not only materially aid in the Apollo development program but will also provide a means for assessing the complete system and the operational problem associated with it.

It is felt that a scheme of successive tests and missions, each of increased difficulty or complexity, is the best means of developing spacecraft for manned flight. This is the traditional method employed in prototype testing of aircraft and is also the method used in the Mercury project. This method is ideally suited to the Apollo spacecraft since it allows for manned flight on early missions of reduced hazard and is in keeping with the development of the Nation's launch vehicle capability. The Saturn C-1 will be suitable for earth-orbital missions. An advanced Saturn will carry the spacecraft to escape velocity and will be suitable for circumlunar and lunar-orbital flights. The lunar-landing mission may be made with some type of rendezvous scheme using Saturn launch vehicles or by the direct approach with a large launch vehicle.

The Apollo spacecraft will be primarily designed for its lunar mission. Nevertheless, it will be well suited for other missions. It will be capable of rendezvous and, therefore, should work well in support of orbital space stations and laboratories. It will be designed to provide adequate accommodations for a 14-day duration mission with the three-man crew. With only minor modifications, it should be able to carry double that number of men on flights of short duration.

아폴로 궤도 삽화

달 궤도에서의 랑데부를 묘사한 이 그림은
작성 날짜를 알 수 없지만, 달 착륙선을 달에
안착시키는 계획의 초기 단계를 보여준다.

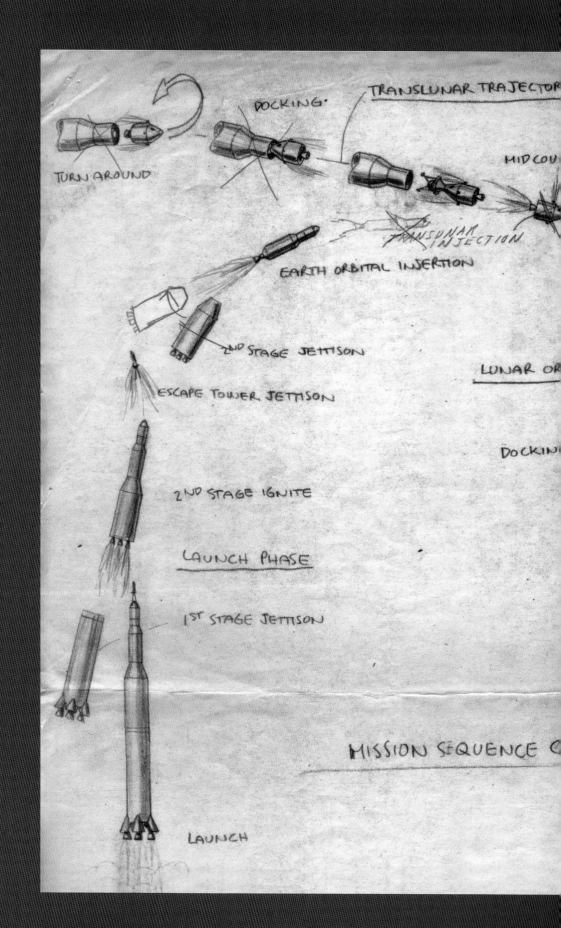

TURN AROUND

DOCKING

TRANSLUNAR TRAJECTOR

MID COU

TRANSLUNAR INJECTION

EARTH ORBITAL INSERTION

2ND STAGE JETTISON

LUNAR OR

ESCAPE TOWER JETTISON

DOCKING

2ND STAGE IGNITE

LAUNCH PHASE

1ST STAGE JETTISON

MISSION SEQUENCE O

LAUNCH

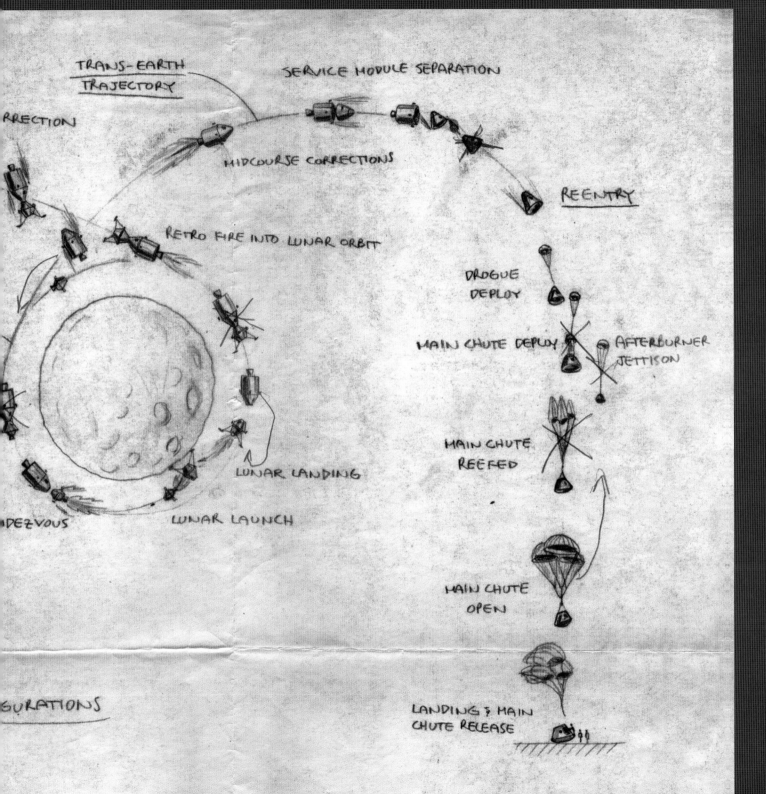

TRANS-EARTH
TRAJECTORY

SERVICE MODULE SEPARATION

RRECTION

MIDCOURSE CORRECTIONS

REENTRY

RETRO FIRE INTO LUNAR ORBIT

DROGUE
DEPLOY

MAIN CHUTE DEPLOY

AFTERBURNER
JETTISON

LUNAR LANDING

MAIN CHUTE
REEFED

DEZVOUS

LUNAR LAUNCH

MAIN CHUTE
OPEN

GURATIONS

LANDING & MAIN
CHUTE RELEASE

CHAPTER
SIX

소련에 닥친 재앙

미국이 아폴로 1호의 비극을 겪고 있을 때 소련은 놀고 있지 않았다. 사고에 대해 공개적으로
유감을 표하는 한편 달로 향하는 경주에서 시간을 벌었다는 안도의 한숨을 쉬었다.

그 후 1967년 4월, 소련에 비극이 닥쳤다. 23일, 블라디미르 코마로프
(Vladimir Komarov)는 미국의 아폴로 사령선/기계선에 해당하는 소
유즈 1호 우주선을 타고 우주로 나갔다. 코마로프는 이 우주선의 신뢰성
에 대해 의심하고 있었다. 아폴로 1호와 같이 수백 가지 문제로 홍역을 치
르고 있었기 때문이다. 소련 지도부의 압박으로 인해 소유즈 1호는 일정
대로 발사되었지만, 발사 직후에 문제가 발생하였다. 궤도에 진입하자마
자 한 두개의 태양전지판이 펼쳐지지 않아 우주선에 전력이 원활하게 공
급되지 않았고 그 후 조종 시스템이 오작동하기 시작하였다. 코마로프는
우주선이 향하는 방향을 점점 더 제어할 수 없게 되어 우주에서 추락하
기 시작하였다.

궤도를 18회 돌았을 무렵, 이 비행을 중지하기로 결정이 내려졌다. 코
마로프의 아내는 통제실로 불려와 우주선의 회전으로 인해 멀미를 느끼

는 그의 남편과 짧은 대화를 나눴다. 코마로프는 그에게 더 이상 기회가
없음을 인지하고 마지막 작별 인사를 나눴다. 이후 소문에 따르면 소
련의 기술자들과 우주 개발 계획에 대해서 저주를 퍼부었다는 그는 수
동 조작으로 비상 재진입 과정을 시작하였다. 궤도에서 성공적으로 이탈
했지만, 낙하산이 꼬인 소유즈 1호는 시속 145km의 속도로 지상과 충
돌했다. 화재가 발생한 뒤, 소련의 첫 번째 달 우주선의 잔해는 남아있
는 것이 거의 없었다.

아래 소유즈 발사 로켓의 모습. 아폴로에 탑재된 것과 비슷한 형태의 비상 탈출용 로켓이 장
착되어 있다. 소유즈 우주선은 로켓의 최상단에 있는 페어링(우주선이나 인공위성을 보호하
는 덮개, 역자주)의 안쪽에 있다.

LK 착륙선

소련의 달 착륙선을 LK 착륙선이라 한다. 미국의 달 착륙선보다 조금 작으며 1명의 우주인(미국의 우주인은 Astronaut, 러시아(소련)의 우주인을 Cosmonaut이라고 한다.. 역자주)을 달 표면에 내려준다. 미국의 달 착륙선에 비해 설계가 간단하며 승무원이 지나가는 통로가 없기 때문에 소유즈와 달 착륙선이 도킹을 하면 우주인이 소유즈에서 나와 우주 유영을 통해 달 착륙선으로 가야 한다. 달에서 돌아오면 역시 같은 방법으로 소유즈로 이동하며, 이때 월석도 함께 옮기게 된다. LK의 달 착륙 성능은 검증된 바 없다.

아래 소련의 달 착륙선. LK는 Lunniy Korabi의 약자이며,
달 착륙선("Lunar Craft")이라는 의미이다.

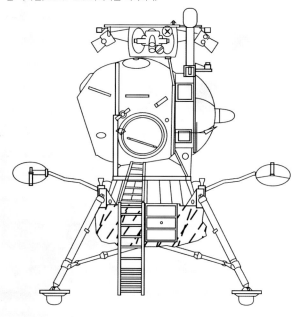

아이러니하고 비극적인 사건으로 미국과 소련의 달 탐험 계획은 문제가 해결될 때까지 일시적으로 중지되었다. 두 국가 모두 초기의 궤도 비행에서 얻은 성공에 오만했지만, 여기에 굴복했으며 정치적인 이유로 성급하게 개발한 것에 대해 막대한 대가를 치러야 했다. 미국과 소련의 달 착륙 계획은 거의 18개월이 지연되었다. 그러나 그동안 다른 시스템들은 계속 발전시킬 필요가 있었다. 미국의 새턴 V 로켓에 대한 소련의 답변은 N-1 로켓이었다. 전반적인 크기와 외관은 폰 브라운의 새턴 V와 유사하지만 닮은 점은 그것뿐이었다. 미국이 선택한 문제가 많은 거대한 엔진을 개발하는 대신 소련은 30개의 작은 엔진을 엮어 무거운 달 탐사선을 달로 보내고자 하였다. 이 방법을 통해 무게와 비용을 줄일 수 있다고 믿었다.

N-1은 그야말로 괴물이었다. 길이는 거의 107m였으며, 새턴 V의 추력이 340만kg인 것에 비해 N-1은 450만kg의 추력을 낼 수 있었다. N-1은 당시에 가장 큰 로켓이었다. 그러나 1966년 1월, 단호하면서도 강력했던 수석 엔지니어 세르게이 코롤료프(Sergei Korolev)의 사망으로 인해 이미 어려운 프로젝트가 더 힘들어졌다. 그의 부관인 바실리 미신(Vasily Mishin)이 N-1 프로

젝트를 이어받아 끝내기로 하였으나 그는 정치적으로 노련하지도 않았고 그의 멘토와 같은 리더십도 가지고 있지 않아 소련 달 착륙 계획의 진행은 더디기만 했다.

마침내 1968년 7월 3일, 아폴로 8호가 아폴로 11호보다 6개월 앞서 달 궤도를 돌았으며 아폴로 11호가 발사되기 2주 전에야 기능이 향상된 N-1의 발사 준비가 완료되었다. 다른 시험 과정을 거치지는 않았지만 총력을 기울여 미국의 달 착륙 계획을 이길 것으로 여겨졌다. 로켓의 최상단에는 소련의 새로운(아직 시험해보지 않은) 달 착륙선이 있었다. 몇몇 소식통에 따르면 이로부터 수 킬로미터 떨어진 곳에 소련의 우주인이 탑승한 소유즈 우주선이 작은 로켓에 설치되어 있고, N-1을 먼저 궤도에 올린 뒤 랑데부하여 달로 향하게 되며 미국보다 최소 1주일 빨리 달에 도착할 것이라 했다. 발사가 결정되고, 이 강력한 로켓은 30개의 엔진에서 불을 뿜으며 발사대를 이륙했다. 하지만 겨우 수백 미터를 올라간 뒤, 2단 로켓에 1단 로켓의 연소가 끝났다는 신호가 잘못 전달되어 2단 로켓도 점화되었고, 곧이어 35개의 로켓 엔진은 폭발하여 거대한 불덩어리가 되어 지상에 충돌한 뒤 장작불처럼 타버렸다. 연기가 가라앉았을 때, 충돌 지점의 거대한 크레이터만이 N-1의 충돌 지점을 가리키고 있었다. 두 번째로 뛰어난 유인 달 탐사 기술은 며칠 동안 불타올랐으며 이 실패는 수십 년간 국가 기밀로 유지되었다. 그 후 N-1을 다시 만들기 위한 시도가 있었지만 아무도 성공하지 못했다. 달 탐사에서 미국을 이기고자 했던 소련의 꿈은 단 한 번의 폭발로 인해 사라져버렸다.

블라디미르 코마로프의 영웅적인 모습을 담고 있는 우표. 그는 소유즈 1호의 강하 도중, 낙하산이 제대로 펴지지 않아 사망하였다.

"수석 설계자"가 사망하다.

세르게이 코롤료프는 그가 사망하기 전까지 소련 사람들에게 단지 "수석 설계자"로만 알려져 있었다. 그는 1938년, 스탈린주의자들의 숙청 대상이었으며 시베리아에서 6년간 수감생활을 하였다. 이때 겪은 강제 노동으로 인해 1966년, 나이 59세에 사망하였다.

석방 후 소련의 우주 개발을 담당하면서 코롤료프는 1960년대 초, 성공적으로 보스토크와 보스호트의 비행을 이끌 수 있었다. 그는 달 착륙을 목전에 놓고 사망했으며 그의 사망으로 인해 소련의 달 착륙 프로그램은 그 운을 다하게 되었다.

왼쪽 페이지 오른쪽 소유즈 로켓이 바이코누르 발사 기지에서 이륙할 태세를 취하고 있다.

맨 위 소련(현재의 러시아) 소유즈 우주선의 모습. 아폴로에 대한 화답으로 1960년대에 설계하였다. 3명이 탑승할 수 있는 소유즈는 달까지 무인 비행을 한 적이 있지만 유인 비행을 하지 못했다. 수년 동안 이 설계가 매우 튼튼하다는 것이 입증되어 오늘날에도 국제 우주 정거장으로 비행을 계속하고 있다.

위 N-1 로켓은 폰 브라운의 새턴 V보다 크고 강력했다. 여러 번에 걸친 N-1의 시험 발사가 있었지만 완전히 성공한 적은 없다. 아폴로 11호를 이기려 했지만 N-1이 발사되면서 거대한 폭발을 일으켜 소련의 수많은 우수한 과학자들이 사망했다. N-1을 더 개발하려는 시도가 있었지만 결국, 성공적인 우주 계획이 되지 못했다.

프라우다(Pravda : 구 소련 공산당 기관지, 역자주) - 1969년 1월 22일

1969년 1월 22일, 소련 기관지 프라우다지(誌). 소유즈 4호와 소유즈 5호가 같은 날 발사되었으며 궤도상에서 랑데부하였고, 소유즈 5호에 있던
2명의 우주비행사가 소유즈 4호로 우주 유영을 하였다. 이는 겨우 한 주 전에 있었던 아폴로 8호의 승리에 비해 초라한 것이었다.

Пролетарии всех стран, соединяйтесь!

Коммунистическая партия Советского Союза

ЛЕНИНГРАДСКАЯ ПРАВДА

ОРГАН ЛЕНИНГРАДСКОГО ОБЛАСТНОГО И ГОРОДСКОГО КОМИТЕТОВ КОММУНИСТИЧЕСКОЙ ПАРТИИ
СОВЕТСКОГО СОЮЗА, ОБЛАСТНОГО И ГОРОДСКОГО СОВЕТОВ ДЕПУТАТОВ ТРУДЯЩИХСЯ

Год издания 51-й | № 18 (16415) | Среда, 22 января 1969 года | ЦЕНА 2 КОП.

УДАРНАЯ ВАХТА ПЯТИЛЕТКИ

НАВСТРЕЧУ 100-летию СО ДНЯ РОЖДЕНИЯ В. И. ЛЕНИНА

БОЛЬШЕ, ЛУЧШЕ, ДЕШЕВЛЕ!

НА ОСНОВЕ ТЕХНИЧЕСКОГО ПРОГРЕССА

ОБЯЗАТЕЛЬСТВА ТРУДЯЩИХСЯ МОСКОВСКОГО РАЙОНА

СТРОИТЬ РИТМИЧНО

НАМЕЧАЕТ ГЛАВЗАПСТРОЙ

Кировцы идут вперед

ВСЕ РЕЗЕРВЫ — В ДЕЙСТВИЕ

РОДИНА СЛАВИТ ГЕРОЕВ!

Космонавты полковник В. А. ШАТАЛОВ, полковник Б. В. ВОЛЫНОВ, А. С. ЕЛИСЕЕВ и полковник Е. В. ХРУНОВ на космодроме.
Телефото ТАСС

ТРУДОВЫМ ДЕЛАМ — КОСМИЧЕСКИЙ РАЗМАХ

ДВОЕ ШАГАЮТ НАД БЕЗДНОЙ...

Техника космического перехода

Н. АНДРЕЕВ,
инженер (ТАСС)

ПОБЕДА У СТЕН ЛЕНИНГРАДА

НАУЧНАЯ КОНФЕРЕНЦИЯ В СМОЛЬНОМ ЗАКОНЧИЛА РАБОТУ

ЗВЕЗДНЫЕ ЧАСЫ ЧЕЛОВЕЧЕСТВА

РАБОТЫ НАШЕГО ГРАФИКА
ЛЮБИМАЯ ТЕМА

КОММЕНТИРУЕТ ЛЕНИНГРАДСКИЙ УЧЕНЫЙ

«ОЧЕНЬ ЦЕННЫЙ ЭКСПЕРИМЕНТ...»

Фото О. Петрнева.

АЛЛЕЯ НА БАЙКОНУРЕ

ВСПОМИНАЯ ОДИН ЭПИЗОД

МНОГО ЛИ КОСМОНАВТУ НАДО?

ТОЛЬКО ФАКТЫ

«СПАСИБО, РОДНЫЕ ТОВАРИЩИ!»

Поэтесса — член бригады коммунистического труда

ВСЕ ЧЕТВЕРО—ЗАСЛУЖЕННЫЕ МАСТЕРА СПОРТА

САЛЮТ В ЧЕСТЬ ОТВАЖНЫХ

ОТ НАЧАЛЬНИКА ГАРНИЗОНА ГОРОДА ЛЕНИНГРАДА

ПОГОДА

ХОККЕЙ / СКА—В ЧЕТВЕРТЬФИНАЛЕ

Рис. художника А. Соколова.

ИНТЕРВЬЮ ПО ПРОСЬБЕ ЧИТАТЕЛЕЙ

ПРИШЕЛЕЦ ИЗ ГОНКОНГА

ТЕАТР / РАДИО
КИНО / ТВ

СРЕДА, 22 ЯНВАРЯ

CHAPTER
SEVEN

가 장 복 잡 한 기 계

아폴로 1호의 화재로 인해 미국의 달 착륙 계획은 큰 충격을 받았지만, 결국에는 대가에 비해 많은 생명을 살릴 수 있었다.

끔찍했던 아폴로 1호의 사고로 인해 사령선의 약점이 제작사뿐만 아니라 NASA의 고위직에게도 드러나게 되었고, NASA에서 파견한 직원들에게 지적을 받기도 하였다. 노스 아메리칸 에비에이션은 철저한 조사를 받게 되었으며, 우주비행사들은 비행 역사상 가장 복잡한 기계의 설계와 제작에 더 깊이 관여하게 되었다.

폰 브라운과 그의 팀은 새턴 V 로켓 개발을 묵묵히 진행하였다. 이 아름다운 로켓은 불과 몇 년 전만 해도 상상할 수 없을 정도로 거대했다. 높이는 111m이며, 340만kg의 추력을 가지고 있었고 미국이 정한 날짜에 우주선을 발사할 수 있는 힘을 갖추고 있었지만 아직까지는 단 1대의 아폴로 우주선만을 달에 보낼 수 있었다.

새턴 로켓의 설계는 복잡하고 오래 걸렸으며 거대한 1단 엔진에 노력을 많이 기울였다. 상단은 효율이 높은 추진력을 얻을 수 있는 액체 수소와 액체 산소를 섞은 것을 연소시키는 것에 비해 1단은 액체 산소와 등유를 사용하여 발사대를 확실히 이륙할 수 있도록 하였다. 하지만 액체 산소와 수소를 사용하는 것에 비해 힘이 떨어지기 때문에 엔진의 크기를 이전에는 볼 수 없었던 크기로 만들어야 했다.

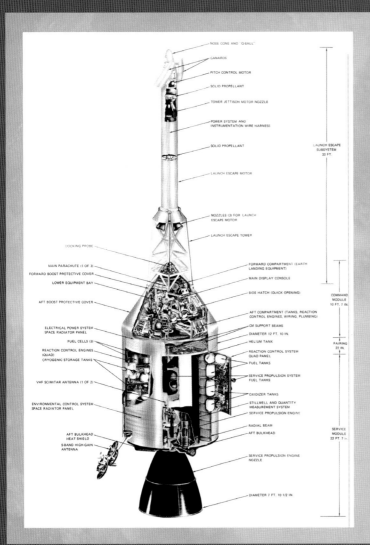

숫자로 보는 사령선/기계선

사령선/기계선, 최초의 달 여행 이동 수단 :
높이 : 9.75m
지름 : 3.96m
무게 : 30,333kg

추진 :
주 엔진(서비스 추진 시스템) : 113,400kg의 추력

자세 제어용 엔진 :
사령선 : 12개의 엔진 – 엔진당 42kg의 추력
기계선 : 16개의 엔진 – 엔진당 45kg의 추력

추진 연료 :
기계선 추신 시스템 : 하이퍼골릭, 하이드라진, 사산화 이질소
자세 제어 : 하이퍼골릭, 하이드라진, 사산화 이질소

내구기한 : 14일
열 차단 : 페놀 허니콤, 제거 가능
전원 : 연료 전지 3개, 소수와 산소를 사용하여 전기와 물 생산
설계 : NASA 소속의 막심 파게(Maxime Faget, 1921~2004); 머큐리 캡슐과 우주 왕복선도 설계함.
제조사 : 노스 아메리칸 에비에이션(후에 노스 아메리칸 락웰이 됨)

왼쪽 아폴로 사령선과 기계선의 모습. 3명의 우주인을 달로 데려갔다가 귀환할 수 있는 능력이 있다. 이는 공학적인 세련미와 단순함의 걸작이다. 캡슐 상단부의 로켓은 비상 탈출용 타워로써 로켓 발사 직후 필요가 없어지면 별도로 떨어져 나가며, 발사 직전 혹은 직후에 비상 상황이 발생하면 연소되어 캡슐(사령선)을 들어 올린다.

캘리포니아주 카노가 파크(Canoga Park)에 있는 로켓다인사(Rocketdyne)에서 제조한 F1 엔진은 그 끝부분의 크기가 커다란 SUV와 맞먹을 정도로 거대했다. 커다란 로켓 노즐은 수 미터짜리 튜브 수백 개로 둘러싸여 있으며 이곳으로 연료가 지나가 노즐을 식히면서 연료를 예열할 수 있도록 되어 있다. F1 엔진과 관련된 모든 것은 크고, 독특했으며 새로웠다. 하지만 여전히 화학 물질을 의도적으로 통제된 방식으로 고에너지 연소를 시키는 금속 챔버로 구성되었다는 점은 다른 로켓 엔진과 동일했다.

테스트는 엔진을 조립하고 불을 붙인 후 폭발하는지 관찰하는, 항상 로켓 엔진을 테스트하던 방법으로 진행되었다. 기술자들은 어디에서 문제가 발생하는지 알아내고 고친 후 또다시 시험하였다. 시간이 흘러 F1 엔

진의 초기형에서 실제로 사용할 수 있는 형태로 변화되면서 폭발이 일어나는 횟수가 줄어들었고 연소 시간도 늘어났다. V2 로켓이 아주 작은 화물을 싣고 겨우 322km를 비행한지 15년 만에 이런 결과가 나온 것은 매우 주목할만하다.

왼쪽 페이지 폰 브라운과 새턴 V 로켓의 1단 혹은 SIC단이라고 하는 그의 작품. 그의 뒤에 보이는 5개의 F1 엔진은 개발 과정에서 길고도 끊임없는 어려움이 있었지만, 궁극적으로는 튼튼하고 신뢰성이 있으며 강력하다는 것이 판명되었다.

아래 최종 조립 단계에 있는 2대의 새턴 V 로켓 1단. 5개의 메인 엔진은 340만kg의 추력을 내며 현재까지도 발사에 성공한 가장 강력한 로켓으로 남아 있다.

하지만 문제가 있었다. 연료를 섞어 연소시키는 거대한 연소실을 설계할 때 생긴 문제는 그 무엇보다 심각했다. 연소실이 너무 커서 연료를 섞은 것이 균일하지 않게 연소하였는데 기술자들은 이를 촌스럽게도 "포고 효과(pogo effect)"라고 이름을 지었다. 1단계 로켓이 점화되어 하늘로 올라갈 때 로켓이 위아래로 흔들렸으며, 이로 인해 골조에 큰 응력이 발생하게 되었다. 여러 가지 해결 방안을 시도하여 시험하고 성능을 향상시켰지만 결국에는 어느 정도의 포고 효과는 감수하는 것으로 결정하였고 그 중심에는 NASA가 있었다. 윗 단계의 경우 덜 성가시기는 했지만, 단계마다 해결해야 할 점들이 독립적으로 존재하였고 마지막 단계인 SIVB는 문제가 가장

복잡했다. 1개의 엔진을 사용할 경우 엔진이 작동하고 꺼졌다가 다시 작동하여 달로 향하게 되지만 1960년대에는 엔진의 재사용보다는 테스트가 중요했다. 그리고 결국 규정과 씨름하게 되었다. NASA가 새턴 V 로켓을 달로 보낼 수 있기 전에 사령선/기계선이 우주 비행에 적합한지 확실히 해야 했다. 이 시도는 아폴로 1호 이후 첫 번째 유인 계획이었던 아폴로 7호 승무원의 대담한 시험 비행을 통해 이루어졌다.

오른쪽 페이지 발사 준비가 완료된 새턴 V 로켓 꼭대기에 있는 사령선/기계선 모듈. 사령선 위에는 비상 탈출용 타워가 있으며 비상시 사령선을 로켓에서 분리하는 역할을 한다.

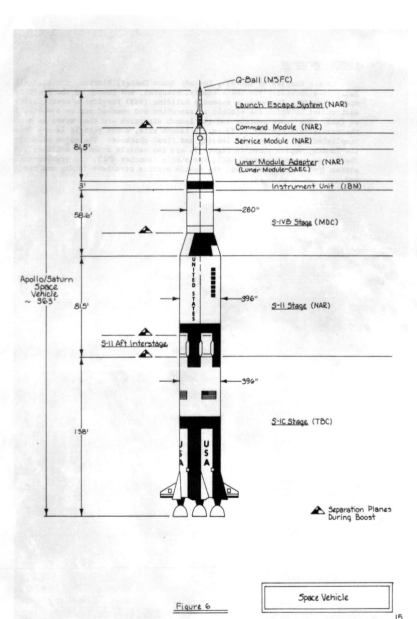

숫자로 보는 새턴 V

최초로 달 여행을 가능하게 한 로켓 :

높이 : 111m

지름 : 10.1m

단수 : 3단

추력 :
1단 (SIC) : 3,400,000kg
2단 (SII) : 453,600kg
3단 (SIVB) : 102,060kg

추진 :
SIC : 5개의 F1 로켓 엔진, 액체 산소와 등유를 사용
SII : 5개의 J2 엔진, 액체 산소와 액체 수소를 사용
SIVB : 1개의 J2 엔진, 액체 산소와 액체 수소를 사용

내구성 : 궤도에 올라 SIVB단을 이용해 달로 향하게 할 정도

전원 : 배터리

설계자 : NASA 마셜우주비행센터 소속 베르너 폰 브라운 (1912~1977) 및 기타

제조사 :
SIC : 보잉 컴퍼니
SII : 노스 아메리칸 에비에이션
SIVB : 더글러스 에어크래프트 컴퍼니

왼쪽 새턴 V 발사체의 개요도. 높이는 110.64m이며, 발사에 성공한 로켓 중에서 가장 거대하다. 사령선만이 달에서 지구로 돌아온다.

새턴 V

아폴로 "블록 II" 사령선의 제어판

이 우주선의 안쪽에는 24km에 이르는 전선과 566개의 스위치가 있었다. 각 승무원은 특화된 영역을 담당하였지만,
전체 요소의 기능에 대한 최소한의 지식은 갖추고 있어야 했다.

MAIN DISPLAY CONSOLE

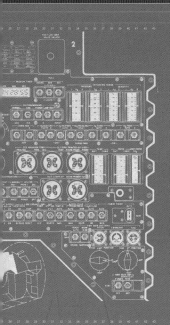
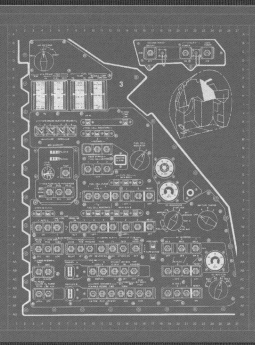
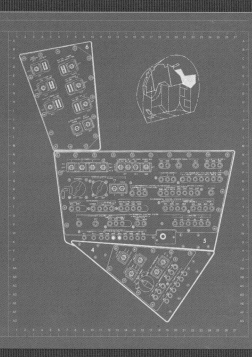

CHAPTER
EIGHT

피닉스의 비행

아폴로 7호 임무의 선장인 월리 쉬라(Wally Schirra)는 그의 임무 콜사인을 잿더미에서
다시 태어나는 전설의 새 피닉스(불사조)라고 하기를 원했다.

이것은 그의 친구인 거스 그리섬과 아폴로 1호의 화재에 보내는 헌정으로 잘 맞아떨어졌다. 그러나 NASA는 이를 허락하지 않았다. 아폴로 7호에는 사령선/기계선과 랑데부할 달 착륙선이 없었기 때문에 별도의 콜사인이 필요하지 않았다. 아폴로 7호는 그저 단순한 비행만이 예정되어 있을 뿐이었다. 1968년 10월 11일, 미국 동부 시간으로 오전 11시 2분 42초에 아폴로의 유인 비행이 시작되었다. 이 임무는 아폴로가 34번 발사대에서 발사된 유일한 임무였고, 이후에 있을 스카이랩이나 아폴로-소유즈 비행 임무를 제외하고는 유일하게 새턴 IB 로켓이 사용된 임무였다. 쉬라와 그의 승무원들은 지구 중력을 벗어나 달로 갈 만큼의 빠른 속도가 필요하지 않았다. 아폴로 7호는 기술을 시험해보는 시험 비행이었으며, 머큐리 임무와 제미니 임무에도 참여했던 베테랑 우주인으로서 그가 적임이었다. 이 임무는 단순히 11일간 지구 궤도에 머무르며 새로운 아폴로 사령선/기계선을 시험하는 것이었다. 이 임무에는 쉬라와 함께 2명의 신인 우주비행사인 사령선 조종사 돈 아이젤(Donn Eisele), 그리고 달 착륙선 조종사 월터 커닝햄(Walter Cunningham)이 참여하였다.

위 아폴로 7호 임무를 상징하는 패치. 달 착륙선이 표현되어 있지 않다는 점에 주목하자. 아폴로 7호는 사령선을 테스트하는 목적을 가지고 있었고, 당시 달 착륙선은 아직 비행할 준비가 되어있지 않았다.

새턴 IB 로켓

새턴 IB는 새턴 로켓 시리즈 초기에 개발되었다. 새로 개발한 SIVB 단계를 장착하였고, 지구 궤도에서 아폴로 우주선을 시험하는데 주로 이용하였다. 크라이슬러사(Chrysler Corporation)에서 제작한 이 로켓의 길이는 68m로써 새턴 V보다 48m 짧았고, 1단에서 F1 엔진 1개의 추력밖에 나오지 않았다.

오른쪽 새턴 IB 로켓을 타고 올라가는 스카이랩 1의 승무원들. "밀크 스툴(milk stool, 우유 짜기용 등받이 없는 의자, 역자주)"이라는 별명이 있는 로켓 아래에 있는 구조물은 새턴 V를 위해 설계된 발사대에서 새턴 IB를 발사하기 위해 필요했다.

아폴로 7호 승무원

아폴로 7호 승무원의 모습을 담고 있는 NASA의 공식 사진. 왼쪽에서부터 사령선 조종사 돈 아이셀, 선장 월리 쉬라 그리고 달 착륙선 조종사 월터 커닝햄이다. 오른쪽 이미지에는 이 사진에 관한 설명이 담겨 있다.

MANNED SPACECRAFT CENTER

HOUSTON, TEXAS

OFFICIAL PHOTOGRAPH

COLOR   (PORTRAIT)

22 MAY 1968   S-68-33744

KENNEDY SPACE CENTER, FLORIDA

APOLLO 7 CREW------The prime crew of the first manned Apollo
space mission, Apollo 7 (Spacecraft 101/Saturn 205), left
to right, is Astronauts Donn F. Eisele, senior pilot;
Walter M. Schirra Jr., command pilot; and Walter
Cunningham, pilot.

경력이 끝나다.

아폴로 7호의 비행은 대략 성공적이었지만 슬프게도 3명의 우주인의 경력은 끝나게 되었다. 머큐리와 제미니 계획에서 활약했던 월리 쉬라는 관제실에 대해 불평이 많았고(아마도 헬멧을 쓰지 않고 재진입하는 문제가 가장 컸을 것이다.) 나머지 2명은 선장의 반항적인 행동에 동조했기 때문이다. 그들 중 그 누구도 다시 비행하지 못했으며, 다른 직업을 찾아 떠나게 되었다. 쉬라는 CBS 뉴스를 진행하던 월터 크롱카이트(Walter Cronkite)의 자문역을 맡게 되어 이 3명 중 가장 눈에 띄었다.

위 대서양에 착수한 직후 촬영한 NASA의 홍보용 사진. 아폴로 7호 승무원의 모습이 담겨 있다. 왼쪽부터 월리 쉬라, 돈 아이셀, 월터 커닝햄이며 이들은 모두 몸 상태가 좋지 않았지만 귀환을 기뻐하였다.

이 비행은 그 둘에게는 첫 우주 비행이었으며, 커닝햄이 조종할 수 있는 달 착륙선도 없었지만 참여할 수 있는 여러 가지 테스트가 있었다. 아폴로 7호는 노스 아메리칸 락웰사의 새로운 블럭 II 사양을 갖춘 사령선의 첫 유인 우주 비행이었다. 그리고 논의가 되었는지는 알 수 없지만 아폴로 1호의 화재는 아직도 사람들의 기억 속에 생생하게 남아 있었다. 아폴로 7호를 우주로 쏘아 올린 새턴 IB 로켓은 희한한 조합을 하고 있었다. 이 로켓은 새턴 V 로켓을 개발하기 위한 디딤돌이었다. 1단은 8개의 연료탱크와 엔진으로 구성되어 있었으며, 각각은 예전에 사용하던 레드스톤 로켓이었고 8개의 레드스톤 로켓이 중앙에 있는 9번째 엔진인 주피터 로켓을 둘러싸고 있었다. 1단의 전체 추력은 새턴 V 엔진 1개와 동일하였다.

2단 즉 SIVB는 나중에 아폴로 비행에 사용(3단에 사용했다)하게 된 것과 유사했으며 2단의 꼭대기에는 달 착륙선이 들어갈 공간이 있었다. 이번 비행에서는 이곳에 금속으로 만든 트러스 구조물을 설치하여 랑데부 연습을 위한 도킹용 타깃으로 활용하였다. 아폴로 7호가 수행할 주요 테스트 대상에는 환경 제어 시스템(environmental control system : ECS), 랑데부와 도킹 조종 그리고 서비스 추진 시스템(service propulsion system : SPS)도 포함되어 있었다. SPS는 사령선 모듈 바로 뒤에 장착된 단일 로켓 엔진으로써 달 궤도 진입 시 속도를 줄이는 역할을 하며 지구로 귀환 시에는 분리하게 된다. 아폴로 7호의 비행에서 이 엔진은 스위스 시계와 같은 정밀도로 8번 점화

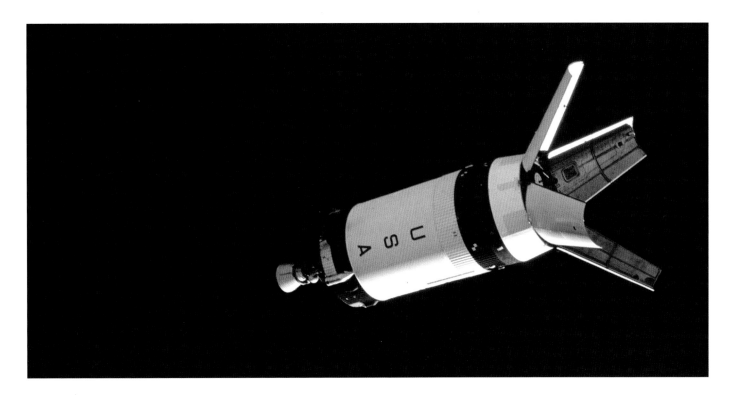

했다가 꺼짐으로써 모두가 만족했고 또한 안심하였다.

다만 승무원의 건강은 그다지 만족스럽지 못했다. 하루 동안에 쉬라는 코감기에 걸렸고 곧 다른 승무원에게 옮겼다. 지구에서 감기는 별문제가 아니지만 우주에 있는 비좁은 캡슐 안에서는 승무원들에게 악몽이 되었다. 보통 콧물이 생기면 자연스럽게 빠져나오지만 무중력 상태에서는 머릿속에 머물다가 귀를 막고 고통스럽게 만든다. 랑데부와 도킹을 방해하는 창문도 문제였다. 일부 창문은 흐려졌는데 우주에서 이를 닦아낼 방법이 없어 한 동안 뿌옇게만 보였다. 이 문제는 창문을 봉합하는 소재의 문제로 파악되어 아폴로 9호에서는 문제가 해결되었다.

10월 22일, 아파서 툴툴거리는 우주비행사 3명이 탄 사령선은 궤도를 벗어나 대서양으로 돌진하였다. 그때 쉬라와 지상 간에 재진입 시 헬멧을 써야 할지 말아야 할지에 대해 논쟁이 있었다. 휴스턴은 헬멧을 쓰길 원했지만 고막이 터질 것을 염려했던 쉬라는 헬멧을 쓰지 않으려 했다. 결국 현장 지휘관인 쉬라가 이 싸움에서 이겼지만 나중에 NASA의 경영진은 이들에게 제재를 가하게 된다. 마지막 문제는, 그들이 바다에 착수했을 때 캡슐은 즉시 "스테이블-2(Stable-2)" 상태가 되었다는 점이다. 이는 NASA의 용어로써 뒤집혔다는 것을 의미한다. 훌쩍거리는 승무원들은 우주선 끝부분이 부력에 의해 원상태로 돌아오기 전까지 안전벨트에 대롱대롱 매달려 있었으며 쉬라는 나중에 이를 "끔찍한 배"라고 불렀다. 구조팀이 빠르게 도착하긴 했지만 우주선 안에 있던 사람들에게는 전혀 빠르지 않았다. 아폴로 7호는 작은 문제들 탓에 일어난 승무원들의 항명에도 불구하고 궁극적으로 성공적이라고 할 수 있었고 아폴로 프로그램에서 화재의 오명을 벗겨주었다. 쉬라와 승무원들은 아폴로의 운명을 두고 싸우며 기계 작동법은 물론 언론을 대하는 방법까지 통달하게 되었고 아폴로 8호는 달로 향해 갈 수 있었다.

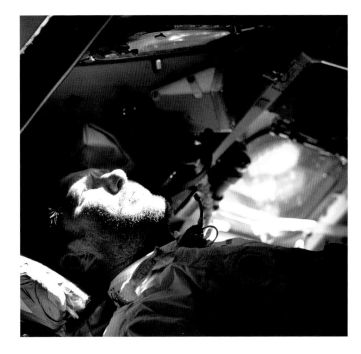

왼쪽 페이지 1968년 10월 11일 미국 동부 시간 오전 11시 02분에 아폴로 7호가 새턴 IB 로켓에 실려 발사되는 모습.

위 아폴로 7호에서 며칠간 궤도를 돈 선장 월리 쉬라의 극적인 모습.

맨 위 사령선에서 바라본 새턴 로켓 SIVB단의 모습. 이후에 진행된 아폴로의 비행에서는 꽃잎처럼 벌어지는 곳 안쪽에 달 착륙선이 위치하게 된다. 아폴로 7호에서는 이곳이 비어있었으며 작은 트러스 구조물이 있어 도킹 테스트와 연습용으로 활용하였다.

CHAPTER
NINE

허공 속으로

1968년 8월, 프랭크 보먼(Frank Borman)과 제임스 로벨(James Lovell) 그리고 빌 앤더스(Bill Anders)는 바쁘게 아폴로 9호 발사 준비를 했다.

이 우주인들이 NASA 임원들과의 회의에 소집되어 그들이 탈 로켓이 새턴 IB에서 새턴 V로 바뀌었고, 아폴로 9호 대신 아폴로 8호를 타게 되었으며 목표가 지구 궤도에서 달로 바뀌었다는 이야기를 듣고 깜짝 놀랐다.

아폴로 7호의 사령선/기계선이 잘 작동했기 때문에 원래 계획했던 지구 궤도에서 추가적인 시험은 필요가 없어졌으며 거대한 새턴 V 로켓은 단지 2번만 비행했을 뿐이지만 일반적으로 괜찮다고 여겨졌다. 이 결정에는 다른 2가지 중요한 요소가 있었는데 첫째는 소련이 달로의 근접 비행을 하여 아폴로의 공적을 훔칠 것 같다는 생각이 커졌고, 둘째는 그루먼 에어로스페이스사에서 제작 중이던 달 착륙선의 무게가 너무 많이 나가서 1969년 중순까지는 달에 착륙하도록 준비할 수 없었기 때문이다.

달과 관련하여 지금이 아니면 영원히 달로 향한 경쟁에서 승자가 될 수 없을 것 같았으며 시험을 제대로 하지 않은 장비를 이용한 비행일지라도 미국이 먼저 달에 가야 했다. 새턴 V는 몇 가지 문제점을 가지고 있었는데 그중에서 가장 중요한 것은 연료가 균일하게 연소하지 않으며 심하게 흔들린다는 것이었다. 사령선은 아폴로 7호에서 단 한 번 유인 비행에 적용해봤을 뿐이었다. NASA의 경영진이 빠르게 압박을 가하여 마지못해 승인을 받았지만 이것은 대단한 한 수였다. 로벨과 앤더스는 "좋다"고 급히 대답할 수밖에 없었다. 이것이 아폴로 우주인의 본성이었기 때문이다.

결국 1968년 12월 21일, 현지 시각으로 오후 1시 몇 분 전에 아폴로 8호는 39A 발사대에서 솟아올랐다. 많은 유명인을 포함한 인파가 이 발사를 지켜보았는데 그중에는 찰스 린드버그(Charles Lindbergh)와 그의 아내도 있었으며 그가 1927년에 세운 세계 최초의 대서양 횡단 비행의 기록의 논리적인 결과를 놀라움 속에서 지켜보았다.

아폴로 8호의 비행은 달에 갔다가 돌아오는 대담한 여행에 필요, 착륙선을 제외한 모든 것을 갖추고 있었다. 2년 후에 있을 아폴로 13호의 비행에서 구명정으로 활용되어 아주 중요한 역할을 하게 될 달 착륙선은 여전히 그루먼 에어로스페이스사에서 개발 중이었으며 몇 달 내로는 준비할 수 없는 상태였다. NASA는 현재 보유하고 있는 사령선을 활용하는 것에 대해 충분한 자신감을 가지고 있었고 다행히도 나중에 아폴로 13호의 승무원을 위협하게 되는 결함 있는 산소 탱크는 조립 라인 아래로 내려와 설치되기를 기다리고 있었다(40페이지 참조). 이번 임무의 성공 여부는 모두 사령선/기계선 #103에 달려 있었다.

위 아폴로 8호의 승무원. 왼쪽부터 달 착륙선 조종사 짐 로벨, 사령선 조종사 빌 앤더슨 그리고 선장 프랭크 보먼이다.

왼쪽 아폴로 8호의 미션 패치. 달로 가는 경로의 모습을 보여주고 있다. 붉은색의 8자 모양은 사실 달 궤도에 진입하지 못했을 때 비상시에 사용하게 되는 자동 귀환 궤도를 보여준다.

위험한 임무

아폴로 8호는 달 착륙선 없이 달로 향했다. 당시에 사용할 수 있는 달 착륙선이 1대도 없었기 때문이다. 그 대신, 금속 트러스로 제작된 아폴로 달 착륙 시험체(Apollo Lunar Test Article : LTA)를 SIVB단 상부에 넣어 달 착륙선을 모의실험하였다. 아폴로 8호의 사령선/서비스 모듈이 로켓의 윗단과 분리되었을 때 달 착륙선 없이 달로 향했다. 생명 유지 시스템은 사령선밖에 없었기 때문에 아폴로 13호와 같은 문제 즉, 서비스 모듈에 있는 산소 탱크가 폭발하게 된다면 달에 도착하기 전에 전부 사망하게 된다.

위 플로리다주에 있는 케네디 우주 센터에서 아폴로 8호의 사령선/서비스 모듈과 달 착륙선 하우징이 새턴 V 로켓에 올려지고 있다.

새턴 V 로켓은 정확히 작동하였고 몇 분 만에 새턴 로켓의 SIVB단의 연소가 멈춘 뒤, 아폴로 8호는 대기 궤도(parking orbit)에 안착하였다. 이제 익숙한 비행 계획에서 벗어나 최초로 우주인이 지구 궤도를 떠나 다른 천체 즉 달로 향하게 되는 분기점에 이른 것이다.

SIVB단이 다시 연소한 뒤, 아폴로 8호는 초당 10,500m의 속도로 이동하였지만, 60시간에 이르는 비행시간 동안 승무원들은 이를 느낄 수 없었으며 승무원들은 익숙했던 지구의 중력을 벗어나 달에 떨어지기 시작하였다. 달의 중력이 끌어당기기 시작한 것이다. 계획과 계산에서 아주 작은 오류가 있어도 아폴로 8호는 우주의 심연을 영원히 비행하거나 달 표면에 충돌하게 된다. 그들이 원했던 목적지는 달 표면으로부터 97km 떨어진 궤도였지만 이보다 더 가까이 가기를 원했다.

이 임무에서 이룬 수많은 최초 중의 하나는 인류가 그들이 속해 있는 세계를 우주에서 보는 것이었다. 사령선 조종사인 빌 앤더슨은 지상과 통신하면서 그의 실용적인 성격을 보였다. "우주 속에서 볼 수 있는 단 하나의 색상... 우리는 사소한 은하의 한 자락에 있는 아주 작은 티끌 안에 살고 있다. 그리고 이 티끌은 인류를 위한 것이지만 이 안에서 기름이나 영토 등의 문제로 서로 싸우고 있다는 것에 부끄러움을 느끼게 된다."

짐 로벨은 조금 더 포괄적이다. "우주에서 지구를 보면 우리가 얼마나 하찮고 연약하며 하늘과 나무, 물이 있음에 우리가 얼마나 운이 좋은 것인

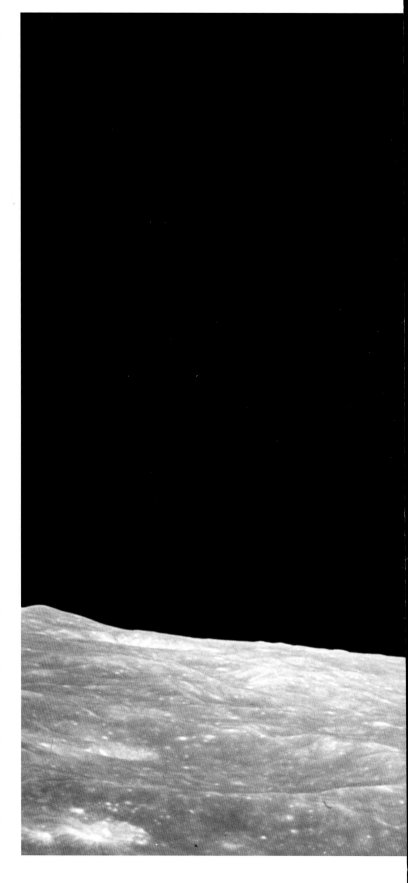

지 바로 알 수 있다... 인간은 태어나서 자라난 환경이 당연한 것으로 생각 하지만 얼마나 소중한 것을 가졌는지 전혀 모른다. 나 역시도 떠나오기 전 까지는 전혀 몰랐다."

선장 프랭크 보먼은 달이 가까이 있어서 미처 지구에 대해 이야기하지 못 했다. 그들이 달 뒤편으로 가게 되면 지구와의 통신이 완전히 두절되며 달 궤도에 안착하기 위해 기계선의 엔진을 가동하여 우주선의 속도를 늦춰야 한다. 그렇게 하지 않을 경우 달을 지나쳐 우주 공간으로 들어가 영원히 집 으로 돌아오지 못하기 때문이다.

왼쪽 아폴로 8호에서 본 지구가 떠 오르는 모습.

오른쪽 NASA는 아폴로 임무에서 우주선 내부에서 촬영 시. 사진에 있는 것과 같은 스웨덴의 하셀블 라드에서 제작한 2¼인치 스틸 카 메라를 사용하였다. 더욱 견고하게 제작된 다른 카메라는 달 표면에서 우주선 외 활동(Extra- Vehicular Activity(EVAs)) 시에 사용하였다.

우주에서 병이 나다.

유인 우주선을 발사하기 전에 우주인들에게 특별한 아침 식사를 제공하 는 NASA의 전통이 있다. 스테이크, 계란 그리고 많은 양의 커피가 아폴로 8호 우주인의 메뉴로 제공이 되었는데 프랭크 보먼은 두 번째 메뉴를 선 택하였고 몇 시간 뒤에 이를 후회하기 시작했다. 음식이 문제였는지 아니 면 잠들기 위해 먹은 수면제가 문제였는지 모르겠지만 순식간에 캡슐 안 쪽에는 토사물이 둥둥 떠다니게 되었다. 승무원들에게 이를 치우라는 지 시가 내려왔고 보먼은 이번 임무의 나머지 기간 동안 언제 무엇을 먹었는 지 신경 쓰게 되었다.

위 아폴로 8호 승무원들이 발사 전 아침 식사를 하고 있다. 무엇이 보먼에게 이런 결 과를 가져왔는지 조금은 알 수 있을 것 같다.

아폴로 보도자료

이 보도자료는 아폴로 8호 발사 6일 전에 배포되었으며, 이 야심찬 비행에 관한 상세한 내용을 보여준다.
"달 궤도 임무의 전체 과정"을 담고 있으며 그들이 성취한 대로 달 궤도를 10회 돌고 성공적으로 완수하였다.

NEWS

NATIONAL AERONAUTICS AND SPACE ADMINISTRATION
WASHINGTON, D.C. 20546

TELS. WO 2-4155
WO 3-6925

FOR RELEASE: SUNDAY
December 15, 1968

RELEASE NO: 68-208

PROJECT: APOLLO 8

P
R
E
S
S

K
I
T

contents

-0-

12/6/68

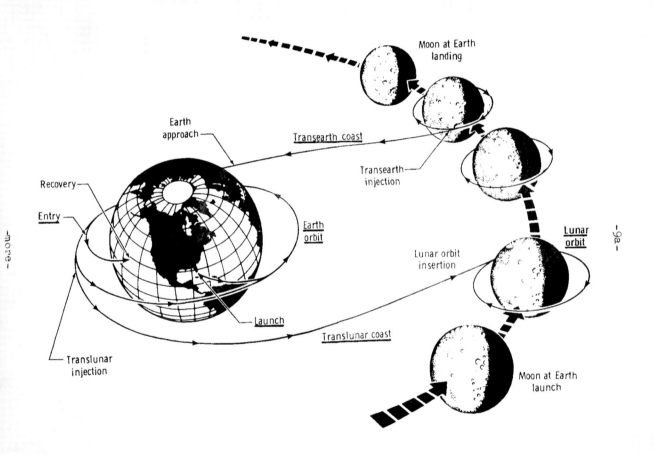

CHAPTER
TEN

우 주 에 서 의
크 리 스 마 스

아폴로 8호가 달 뒤로 갔을 때 더 이상 지구와 통신이 되지 않는 상태 (Loss of signal : LOS)가 되었다. 달이 지구와 작은 사령선/서비스 모듈 사이에 놓이면서 전파를 이용한 통신이 불가능해진 것이다.

미국 혹은 다른 나라에 있어서 우주 탐사의 역사상 계획된 통신 블랙아웃(지구 재진입 시 발생하는 몇 분간의 블랙아웃 제외)은 이번이 처음이었다. 임무 통제실에 있는 기술자들이 이미 파악하고 있는 일이긴 했지만 평상시보다는 더 다리를 떨었고 더 많은 담배꽁초가 쌓였다. 최대의 긴장감이 감돌았다. 기계선에 장착되어 있는 로켓 엔진인 서비스 추진 시스템이 작동하지 않는다면 여분의 엔진으로 활용할 달 착륙선이 없는 아폴로 8호를 잃을 수 있기 때문이었다. 두 번째 기회는 없었다.

우주선으로부터 신호가 도착하기만을 기다리던 임무 통제실에 몇 분의 시간이 지난 후 우주비행사가 전송하는 무선 통신을 기다릴 필요도 없이 우주선의 전파 신호를 제시간에 수신함으로써 엔진이 무사히 작동했다는 것을 알 수 있었다. 이와 같은 시간에 아폴로 8호로부터 통신을 수신하여 통제실에 있는 모두는 안도의 한숨을 내뱉었다. 지구에서 멀리 떨어져 있는 우주선에서 승무원들은 SPS 연소를 "우리 생에서 가장 긴 4분"이라 묘사했다.

달의 중력에 붙잡힌 아폴로 8호는 달 궤도를 10회 비행할 예정이었다. 창밖에는 차가운 회색과 검은 빛의 파노라마가 펼쳐졌다. 너무도 멋진 광경이라 승무원들은 할 일이 있음에도 불구하고 창문에서 눈을 뗄 수 없었다. 로벨이 처음으로 그가 본 것을 묘사하였다. :

로벨: 달은 주로 회색이며 색이 없다. 파리에 있는 석고상이나 회색의 바닷모래와 같은 느낌이다. 우리는 아주 자세한 지형의 모습을 볼 수 있다. 풍요의 바다는 검기 때문에 지구에서 보는 것보다 더 자세히 보기는 어렵다.

풍요의 바다와 이곳을 둘러싸고 있는 크레이터 사이에 대비가 별로 없다. 크레이터는 다 둥글게 보이며 이중의 극히 일부는 새로 생성된 것처럼 보인다. 대부분의 크레이터 중에서 특히 둥근 것들은 유성이나 포탄 같은 것에 맞아 생긴 것 같다. 랑그레누스(Langrenus : 달의 동쪽 끝에 있는 크레이터, 지름은 132km, 깊이는 2.7km이다., 역자주)는 아주 큰 크레이터이며 중앙부에 솟아오른 부분이 보인다. 이 크레이터의 벽은 계단식으로 되어 있고 안쪽으로 6단계 혹은 7단계의 계단으로 구성되어 있다.

이후, 4번째 달 궤도 비행을 하면서 승무원들은 우리의 고향별인 지구가 눈부신 푸른빛과 갈색, 흰 구름을 뿜내며 흑백의 달 가장자리로 천천히 솟아오르는 모습을 인류 최초로 목격하였다. 이 광경은 그들의 평생 기억에서 잊혀지지 않는 놀라운 광경이었다.

크리스마스 전날, 달 궤도를 9번째 돌며 달에서의 임무가 끝나갈 무렵, 앤더스는 가장 유명한 우주 통신을 하였다. 성경에 나와 있는 창세기를 읽은 것이다. 창조에 대한 기독교 신자의 설명이었으며 그 누구보다도 집에서 가장 멀리 떨어져 있는 사람이 어둡고 으스스한 우주 공간을 386,160km 건너 방송하였다. 앤더스가 첫 장을 읽은 후, 로벨이 그다음을 이어갔고 보면이 마지막 부분을 읽었으며 다음과 같은 인사말을 남겼다. "그리고 아폴로 8호 승무원이 여러분께 인사드립니다. 좋은 밤 되세요, 행운을 빕니다. 메리 크리스마스, 그리고 여러분 모두에게, 지구의 모든 여러분께 신의 축복이 가득하시기를 빌며 이만 마칩니다."

아폴로 8호 크리스마스 방송

편리하지만 위험한 거리

지구로 귀환할 때 구조대 근처로 내려온다는 것은 항상 미국 우주비행사의 자랑거리였다. 하지만 NASA의 궤도 공학자인 빌 틴달(Bill Tindal)은 거기에 한계가 있다고 느꼈다 : "C 프라임(아폴로 8호)이 항공모함 바로 위를 가로질러 항공모함으로부터 4,572m 떨어진 곳에 착수했다는 보고가 있었다. 너무 가까운 거리라 충격적이었다. 우주선이 항공모함과 충돌하게 되면 대참사가 벌어질 것이다. 나는 구조대가 예상 착수 지점으로부터 최소한 8~16km 떨어진 곳에 있어야 한다고 진지하게 조언하였다."
(NASA historical website, http://history.nasa.gov/SP-4205/ch11-6.html)

오른쪽 아폴로 8호가 착수한 뒤 승무원을 구조하고 사령선을 항공모함의 갑판으로 끌어올리기 위한 준비를 하고 있다.

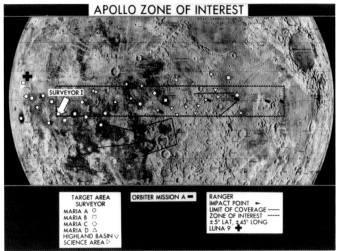

APOLLO ZONE OF INTEREST

TARGET AREA
SURVEYOR
MARIA A ○
MARIA B □
MARIA C ◇
MARIA D △
HIGHLAND BASIN ▽
SCIENCE AREA ▷

ORBITER MISSION A ■

RANGER
IMPACT POINT ►
LIMIT OF COVERAGE ——
ZONE OF INTEREST ------
±5° LAT, ±45° LONG
LUNA 9 ✛

법적 문제

프랭크 보먼이 아폴로 8호의 비행 중 달 궤도상에서 성경을 읽을 수 있도록 허락을 받았을 때 이것이 NASA에 문제를 일으키리라고는 상상도 못 했을 것이다. 하지만 아폴로 8호 승무원들이 지구로 귀환한 직후 분리주의 협회(Society of Separationists)가 NASA에 소송을 걸었다. 달 궤도에서 종교적인 문서를 읽은 것은 헌법에서 규정하고 있는 정부와 공교간의 선을 넘은 것이며, NASA가 여기에 공모했다는 것이다. 소송은 실패했지만 그 이후 NASA는 이런 부분에 더 신경을 쓰게 되었다.

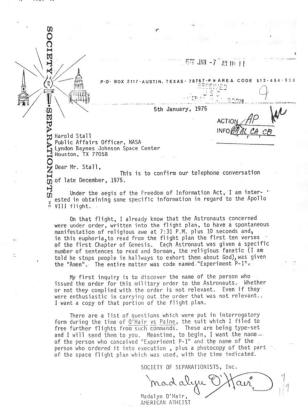

위 우주인이 우주에 머물 때 말해도 되는 것에 대해 NASA의 걱정을 키운 수많은 사건 중 하나인 편지.

10번째 궤도 비행에 이르자 로벨이 실수로 우주선에 탑재된 컴퓨터의 데이터 일부를 삭제하면서 어려움을 겪게 되었다. 그는 특정한 별(아폴로 우주선이 달에 다녀올 때 지구 궤도 너머에서 위치를 확인하는 방법)을 이용하여 항해 시스템을 수동으로 재정렬하는데 성공하였으며 집으로 귀환할 준비를 마쳤다. 지구로 귀환하기 위한 로켓 연소도 달 뒤쪽에서 정말 길게 느껴지는 몇 초 동안 이뤄졌으며 통신이 되지 않은 긴장감에 조종간은 땀에 젖었다. 우주선으로부터 신호를 받은 후 안도한 로벨의 말이 들려왔다. : "기록 바람. 산타클로스가 있다!" 임무 통제실에는 웃음이 퍼져나갔고 아폴로 8호는 귀환길에 나섰다. 그 후 이틀 반이 지난 시점에 그들은 지구 대기로 재진입하였다. 재진입은 또 다른 중요한 포인트였다. 유인 우주선이 달에서 지구로 귀환한 적이 없으며 그 누구도 시속 40,225km라는 어마어마한 속도로 재진입을 해본 적이 없었기 때문이다. 사령선이 대기를 이용하여 속도를 줄이도록 하는 항법적인 방법을 사용했고, 이는 머리카락을 쭈뼛 서게 만들었다. 하지만 몇 분 뒤, 우주선의 마찰로 인한 화염으로 생성된 전리가 약해지자 통제실은 아폴로 8호의 인사말을 들을 수 있었다. 그들은 태평양에서 파고 3m의 바다 위를 떠다니며 구조를 기다리고 있었다.

왼쪽 페이지 아폴로 8호에서 바라본 바위투성이 달 표면의 모습. 아폴로 8호가 달 주위를 공전함에 따라 승무원들은 끊임없이 변화하는 어두운 회색과 진한 검은색의 풍경을 마주하게 되었다. 풍경의 모습은 오로지 태양의 각도에 따라 변화한다.

왼쪽 맨 위 아폴로 8호가 대기권 상단부를 통과하면서 지구로의 귀환을 축하하는 불꽃을 만들고 있다. 대기와의 마찰로 인해 발생한 고온이 히트 쉴드를 태우며 놀라운 광경을 만들게 된다.

왼쪽 위 NASA는 아폴로 8호와 같은 초기 유인 달 궤도 비행을 통해 착륙 지점을 선정하기 위한 "아폴로 관심 지역"이라는 지도를 제작하였다.

CHAPTER
ELEVEN

달로 비행하다

달 착륙선의 수석 엔지니어인 톰 켈리(Tom Kelley)에게는 문제가 있었다. 높이가 6m, 넓이가 9m이고 무엇보다도 무게가 예상보다 수백 킬로그램이나 더 나가는 물건이 문제였다.

그루먼 에어크래프트 엔지니어링 코퍼레이션(Grumman Aircraft Engineering Corporations)은 아폴로의 달 착륙선을 제작하기로 했지만 무게가 너무 많이 나간다는 악몽에 시달리고 있었다. 달 착륙선은 아주 가벼워야 했고 그루먼사 때문에 아폴로 프로젝트 전체가 실패할 수 있었기 때문이다. 그루먼사는 발사 나무와 종이 클립으로 만든 모형으로 달 착륙선 개발 계약을 1962년에 체결하였다. 하지만 5년이 지나는 동안 설계가 바뀌고 또 바뀌었다. 달 착륙선의 최종 무게는 14,515kg으로 NASA가 최종적으로 확정하였다.

그루먼사의 기술자들은 달 착륙선의 과다한 무게 때문에 머리가 깨질 지경이었다. 비행 임무를 위해 1kg을 늘릴 때마다 발사 무게가 1.8kg이 늘어났기 때문에 진퇴양난이었다. 하지만 부품을 깎아내고 갈아내면서 목표한 무게에 이르게 되었다. 전원을 위한 연료전지를 배터리로 교체하고 상승용 로켓을 더욱 간단하게 만들었으며, 착륙용 다리를 5개에서 4개로 줄이고 그 밖에 천여 가지 요소에서 무게를 줄였다. 달 착륙선은 천천히 이상하게 생긴 비행체가 되어 갔다. 대기 속을 비행할 일이 없지만 원래 벌레

같은 형상을 하고 있던 달 착륙선은 결국 작은 삼각형 유리창과 이상하게 생긴 연료 탱크가 달려있는 외계에서 온 것과 같은 모양을 갖추게 되었다.

또한, 달 착륙선은 연약한 구조로 되어 있었다. 무게를 줄이기 위해 모든 금속 부품은 가늘게 만들었고 가장 줄이기 힘든 부분인 압력 선체조차도 청량음료 캔 두께의 2배에 불과하였다. 작은 갈빗대 모양의 구조물을 덧대어 강도를 높였지만 우주인들이 한 손가락으로 누르면 톡 튀어나올 정도였다. 드라이버를 떨어뜨리면 구멍이 날 정도로 바닥이 얇아서 달 착륙선을 "알루미늄 풍선"으로 부르는 사람도 있었다.

위 설계 및 구조 경쟁에서 승리한 그루먼사의 오리지널 모델. 종이 클립으로 다리를 표현한 거칠게 만든 나무 모델은 1962년에 제작되었으며 실제 사용하게 될 달 착륙선의 설계 사상을 담고 있다. 결국, 최종 설계에서 달 착륙선은 다리가 하나 줄어들었고 전면부 해치가 사각형으로 바뀌기는 했지만 놀랄 만큼 닮아있다. 하지만 그들 앞에 얼마나 큰 어려움이 놓여 있는지 알지 못했다.

G, H 그리고 J

아폴로 비행에서 사용할 달 착륙선의 설계는 3가지가 존재했었다. 아폴로 11호에서 사용한 "G" 버전은 단순히 달에 착륙하기 위한 기능만 있었고 12, 13, 14호에서 사용한 "H" 시리즈의 경우 우주인들이 달 표면에서 하루에서 추가로 몇 시간 더 머물 수 있었을 뿐 아니라 여러 가지 실험 장비를 하강단에 실어 넣을 수 있었다. 가장 최신 버전인 "J" 버전은 아폴로 15, 16, 17호에 적용되었으며 달 표면에서 3일간 머물 수 있었다. 냉각 기능과 내부 시스템이 향상되었을 뿐만 아니라 착륙단에 월면차를 탑재할 수 있었다.

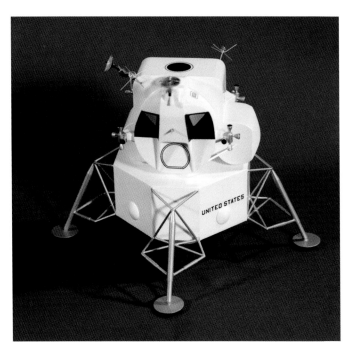

달 착륙선은 아래에서부터 착륙단과 상승단으로 구성되어 있다. 착륙단은 강력한 엔진과 달 궤도에서 달 표면으로 내려갈 때 필요한 연료를 싣고 있었다. 측면에는 다양한 장비와 달에서 사용할 실험 장비를 접어 넣을 수 있었으며 나중에는 월면차를 싣게 되었다. 초기 설계에는 금속으로 된 외피를 장착할 예정이었으나 결국에는 착륙단에 금도금한 마일라 포일로 씌워 무게를 줄이게 되었고, 이로 인해 부서질 듯한 외관이 강조되었다.

그 위에는 상승 모듈이 있다. 이곳에 승무원과 비행 조종 시스템, 생명 유지 장치와 상승 엔진이 위치한다. 상승 엔진을 만드는 것은 상당히 까다로웠다. 고장 날 경우에는 달 표면에서 올라올 수 없기 때문이다. 이 엔진은 가볍고 간단했으며 무엇보다도 신뢰성에 중점을 두어 만들어졌다.

1969년 1/4분기 말까지 달 착륙선은 여전히 무거웠다. 사실 아폴로 10호에서 사용한 달 착륙선은 달에 착륙시키기에는 너무 무거웠다. 하지만 그루먼의 개발진은 문제를 안고 있던 달 착륙선을 사용하도록 내버려 두지 않았고 한 달 이내에, 아폴로 11호가 출발할 무렵, 톰 켈리는 다리를 쭉 뻗고 잘 수 있게 되었다. 달 착륙선 제작이 완료되었고 무게가 초과하지 않았으며 그루먼사는 좋은 시간을 보내게 되었다. 결국 NASA는 달에 우주선을 보낼 착륙시킬 수 있게 되었다. 하지만 아직도 가야 할 길이 멀었다.

분명히, 심연의 우주를 지나 다른 천체로 가는 것은 어려운 일이다. 하지만 이를 가장 어렵게 만드는 것은 달이 움직인다는 것이다. 즉 시속 40,225km 속도로 도착하기로 한 목표 지점을 향해 386,160km를 움직였을 때 1, 2도의 계산만 잘못되어도 달을 비껴가 어두운 우주 속으로 가게 되거나 지구를 향하고 있는 쪽의 달 표면과 충돌하게 되는 것이다.

지구로 귀환하기도 쉽지 않다. 지구가 농구공 크기이고, 달이 소프트볼 공 크기라 한다면 재진입 통로는 종이 한 장의 두께만큼 얇기 때문이다. 이 털끝같이 좁은 통로를 지나치게 되면 그 끝에는 죽음만이 있을 뿐이다. 메사추세스 공과 대학(The Massachusetts Institute of Technology : MIT)은 미국의 방

산업체인 레이시온사(Raytheon)에 납품하기 위한 아폴로 우주선의 달 탐험용 항법 컴퓨터와 소프트웨어를 설계하는 업무를 담당하고 있었다. 그들이 함께 연구하며 아폴로 유도 컴퓨터(Apollo Guidance Computer : AGC)를 만들었다. AGC에는 여러 개의 세계 최초 타이틀이 붙어 있다. 최초로 집적회로를 사용하였고 진정한 의미의 최초 콤팩트 컴퓨터라 할 수 있었다(1960년대에는 여전히 IBM의 메인프레임이 넓은 방을 가득 채우고 있었다). AGC는 1,027MHz로 작동하였고 32킬로바이트의 저장 용량을 지니고 있었다. 요즘에 사용하는 디지털시계에 비해서도 뒤떨어지는 수준이지만 놀라울 정도로 신뢰성이 높고 튼튼했다. 우주인과 컴퓨터를 연결해 주는 장치를 디스플레이 키보드(Display Keyboard) 혹은 DSKY라 했다. DSKY는 간단히 숫자를 표시해 주는 장치와 경고등 및 상태등 그리고 10개의 키패드로 구성되어 있었다. 보기에는 복잡해보이지만 사실은 조작이 아주 간단해 우주인들은 짧은 기간에 사용법을 익힐 수 있었다.

달 착륙선에 장착된 AGC는 주 유도, 항법 및 제어 시스템(Primary Guidance, Navigation and Control System) 혹은 PGNCS("핑"이라고 발음한다)이라고 불렸고 여기에 추가로 AGS(Abort Guidance System, 취소 유도 시스템)라고 하는 보조 컴퓨터가 장착되어 있었다. AGS는 궤도에서 대기하고 있는 사령선으로 달 착륙선이 상승할 때 사용한다. 하지만 아폴로 10호의 비행 이후 AGC 앞에는 궁극의 시험이 기다리고 있었다. 바로 아폴로 11호에서 달에 착륙하는 것과 달 궤도에서 랑데부를 하는 것이다.

AGC의 아버지

찰스 스타크 드레이퍼(Charles Stark Draper, 1901~1987)는 아폴로 유도 컴퓨터를 개발하는 기간 동안 MIT 계측기 연구소의 책임자였다. 드레이퍼는 바다에서의 항해에서 사용되는 추측항법(dead reckoning, 외부 신호 없이 나침반이나 자이로, 속도계 등의 정보로만 이동체의 위치와 방향을 알아내는 항법, 역자주)과 유사하게, 도착 지점만을 알고 있을 때 그곳까지 비행하는 방법의 선구자였다. 스탠퍼드 대학교와 MIT에서 공부한 그는 1930년대에 계측기 연구소를 설립할 때까지 MIT에서 강의했었다. 그의 팀은 AGC의 하드웨어 설계를 담당하였다.

왼쪽 페이지 왼쪽 그루먼사가 1964년에 제작한 달 착륙선의 모습. 최종 제품과 거의 비슷한 모습을 하고 있다.

왼쪽 페이지 오른쪽 달 착륙선의 목업에 장착된 달 착륙선 아폴로 가이던스 컴퓨터의 모습. 아폴로 11호 착륙 시 1202와 1201 오류 메시지가 표시되었다(93페이지 참조). 오류로 인해 재부팅했고, 결국 달 표면으로 착륙선을 잘 유도하였다.

위 달 착륙선을 제작하고 있는 모습. 외피가 벗겨져 있다. 선체를 구성하고 있는 뼈대가 작은 금속으로 이루어져 있는 것에 주목할 것.

오른쪽 찰스 드레이퍼의 희귀한 사진. 그는 "관성 유도의 아버지"로 불리기도 한다.

CHAPTER
TWELVE

최종 리허설

1969년 초, NASA는 불과 몇 달 전에 아폴로 8호가 달 주위를 돌고 성공적으로 귀환한 뒤
분위기를 계속 이어갈 준비가 되어 있었다.

그러나 달에 유인 착륙을 하기 위해서는 대답해야 할 질문들과 시험
해야 할 시스템이 여전히 남아 있었다.

가장 시급한 문제는 매스콘(mascon)이라는 특이한 이름을 가진 현상이었
다. 매스콘은 질량집중(mass concentrations)을 줄인 단어로, 제트 추진 연구소
의 과학자들이 무인 탐사선이 수집한 데이터를 분석하다가 발견하였다. 이
들은 달 주위를 돌던 우주선의 궤도가 일정하지 않음을 알아냈고, NASA
는 아폴로 우주선에도 이와 동일하게 불규칙한 움직임이 있지 않을까 고민
하였다. 달 착륙에 필수적이지만 어려운 랑데부와 도킹/분리 과정은 NASA
의 또 다른 고민 사항이었다. 아폴로 7호가 지구 주위를 돌고 아폴로 8호가
달 주위를 돌 때 달 착륙선은 아직 유인 임무에서 비행한 경험이 없었다. 달
착륙선이 잘 작동하리라 생각했지만, 착륙과 동시에 테스트를 진행하는 것
은 그 누구도 원치 않았다.

1969년 3월 3일에 발사된 아폴로 9호는 가장 엉뚱한 콜사인을 가지고 있
었는데 사령선은 검드롭(Gumdrop, 젤리 사탕의 한 종류, 사령선과 비슷한 모양으로
생겼다, 역자주), 달 착륙선은 스파이더(Spider, 거미)라 하였다. 아폴로 9호의
선장은 짐 맥디비트(Jim McDivitt)로써 이번 비행을 마지막으로 실제 비행에
서 은퇴할 예정이었고 사령선 조종사는 데이브 스캇(Dave Scott), 달 착륙선
조종사는 러스티 슈바이카트(Rusty Schweickart)였다.

이 임무는 새턴 V 로켓의 두 번째 유인 비행과 달 착륙선의 첫 비행이라
는 의미가 있다. 아폴로 9호의 비행에서 조종과 관련한 모든 것을 시험하
였다. 달 착륙선의 상승 및 하강 엔진, 사령선과 달 착륙선 사이의 랑데부
및 도킹 조작과 더불어 달 표면에서 사용할 배낭처럼 생긴 휴대용 생명 유
지 장치(Portable Life Support System : PLSS)를 최초로 진공 속에서 시험하였다.

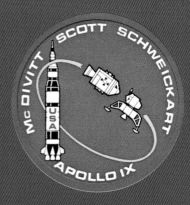

위 아폴로 9호의 미션 엠블럼은 지구 궤도에서의 임무를 잘 표현하고 있다. 왼쪽에는 새턴 V가
있으며 사령선/기계선과 달 착륙선은 "스테이션 키핑(station-keeping, 서로 상대적으로 나
란히 서 있는 자세)" 위치에 있다.

오른쪽 아폴로 10호가 조립동에서 조립을 마치고 39번 발사대로 향하고 있다.

짐벌 잠금

아폴로 10호 달 착륙선의 상승 모듈(사진에서 은색으로 보이는 부분)이 어지럽게 선회하면서 조종 불능에 가까운 상태가 되었고, 서넌과 스태포트의 두 눈은 달 착륙선 계기반에 고정되어 있었다. 계기반 중앙부 아래쪽에는 "에잇볼" 혹은 인공 수평선 표시계라는 계기가 장착되어 있는데 이것이 너무 많이 움직일 경우, 유도 시스템은 "짐벌 잠금" 상태가 되며 이때 항법에 사용하고 있는 자이로스코프 역시 잠기면서 모든 유도 관련 정보가 사라지게 된다. 이로 인해 서넌이 두려움에 휴스턴에 긴급 연락을 취했다.

위 아폴로 10호는 아폴로 11호의 달 착륙을 위한 최종 리허설이었다. 달 착륙선을 사령선/기계선과 분리 후 착륙 연습을 위해 하강한 뒤, 착륙 전에 착륙단을 분리하고 상승 엔진을 작동하여 사령선/기계선으로 귀환하는 것이 임무였다. 긴장된 순간이 조금 있었던 위험한 임무였지만 아폴로 11호의 성공을 이끌었다.

아폴로 9호와 10호에 사용된 달 착륙선은 달에 착륙시키기에는 여전히 무거웠지만 시험용으로 사용하기에는 완벽했다. 아폴로 9호는 10일간 비행하면서 지구 궤도상에서 장비와 절차가 잘 진행되는지 확인하였다.

아폴로 계획은 이제 빠른 속도로 진행되었다. 1969년 5월 18일, 아폴로 10호는 불꽃과 연기를 내뿜으며 플로리다(미국 남동부에 있는 주, NASA의 케네디 우주 센터가 위치해 있다., 역자주)를 출발하였다. 새턴 V 로켓은 진동이 심해서 승무원들이 계기판에 눈을 맞추기가 아주 힘들었다. 공포의 몇 분이 지난 후, 두말할 필요 없이 아폴로 10호는 진동이 있지만 완벽한 상태로 달로 향했다. 아폴로 10호의 승무원들은 모두 제미니 계획에 참여한 베테랑이었다. 선장 톰 스태포드(Tom Stafford) 휘하에 2명의 제미니 출신 조종사가 있었다. 달 착륙선 조종사인 진 서넌(Gene Cernan)은 제미니 9호에, 사령선 조종사 존 영(John Young)은 제미니 3호와 10호에 탑승했었다.

아폴로 10호가 달 궤도에 도착하자 휴스턴은 매스콘이 주는 효과에 대해 연구할 수 있었고 아직 비밀에 쌓여있지만, 매스콘이 향후에 있을 임무를 위험에 빠트리지 않을 것이라 확인하게 되었다.

5월 22일, 아폴로 10호는 아폴로 11호의 달 착륙 리허설을 완벽히 준비하였다. 서넌과 스태포드는 달 착륙선으로 들어가 달 표면으로 하강하였다. 안전하게 착륙하고 다시 상승하기에는 달 착륙선의 무게가 여전히 무거웠기 때문에 달 착륙선은 달 표면으로부터 16km 떨어진 곳으로 갔으며 이지점에서 달 착륙선의 하강단을 분리하고 상승 엔진을 점화해 사령선에서 대기하고 있던 존 영에게 돌아가려 했다.

아래 아폴로 10호의 승무원. 왼쪽부터 진 서넌, 톰 스태포트 그리고 존 영의 순이다.
오른쪽 페이지 아폴로 10호가 촬영한 고해상도의 달 표면 이미지.

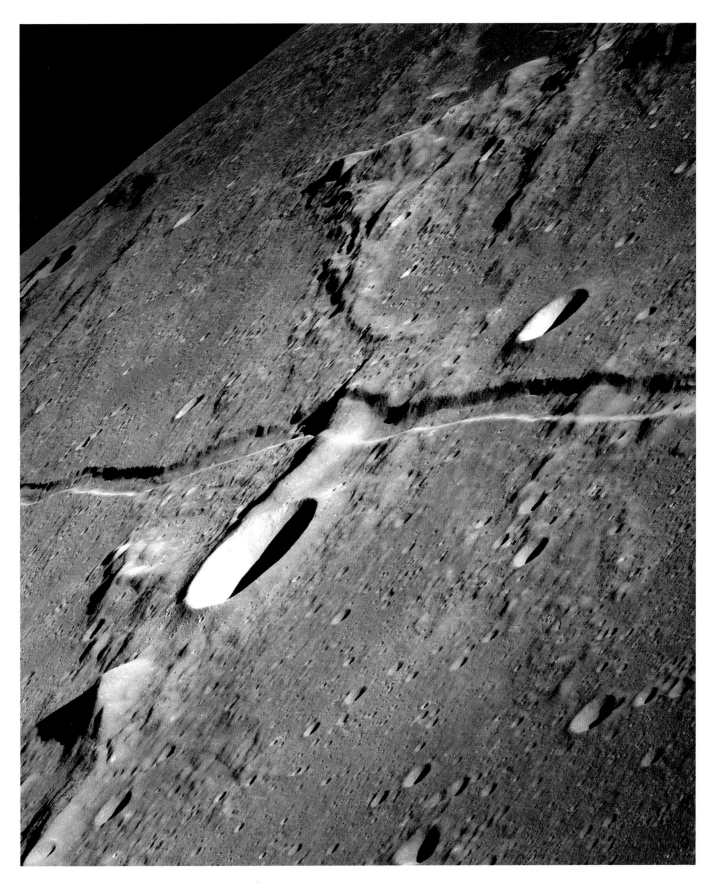

하지만 바로 그때, 경고음이 나고 있는 것을 서넌이 무선으로 알렸고 상승단은 격렬하게 움직여 조종이 거의 불가능했다. 자동 유도 컴퓨터가 수 분간 스러스터를 마구잡이로 분사시켰고 조종 불능 상태가 되는 것처럼 보였다.

잠시 후, 달 착륙선의 조종을 복원 후 사령선으로 돌아가는 경로로 향했는데 이때 불과 수 km 아래에 있는 높은 산과 충돌할 뻔했다. 이 오작동은 스위치 설정을 잘못했기 때문에 발생했다.

임무의 나머지 과정은 순조롭게 진행되었지만 서넌이 지구로 귀환했을 때 문제가 기다리고 있었다. 패닉 상태에서 *그*가 내뱉은 욕 한마디에 분노한 미국인들이 NASA에 항의 서한을 보내는 바람에 NASA의 PR 부서는 골치를 앓고 있었다. 이후 비행에 참여한 승무원들은 목숨이 위험에 처한 상황에서도 더욱 정중한 언어를 사용하도록 권고받았다.

이러한 부조리와 NASA의 소심함을 비웃듯, 동료 우주비행사들은 아폴로 10호의 귀환을 환영하는 현수막에 다음과 같은 글을 새겨서 걸었다.

"아폴로 10호의 비행? 성인만 시청 가능"

이어지는 NASA의 프로그램은 '달 착륙'입니다.

위 "최종 리허설" 임무였지만, 아폴로 10호의 발사를 보려고 많은 사람들이 몰려왔다. 사진은 NASA의 초대로 온 손님들이 관람대에서 발사를 지켜보는 모습.

왼쪽 페이지 NASA의 달 이미지에는 고요의 바다, 위난의 바다 그리고 스미스의 바다를 포함한 수많은 검은 평원의 모습이 담겨있다.

매스콘

처음에 달의 매스콘은 중요한 관심사였지만 약간의 불편함을 끼치는 사소한 것으로 밝혀졌다. 매스콘은 무인 달 탐사에서 탐사선의 궤도가 불규칙한 것에서 처음 발견되었으며 달 표면에서 질량이 증가한 부분에 의해 나타난다. 주로 넓은 평원이나 바다와 같이 이론적으로 밀도가 높은 달 표면 아래에 있는 맨틀 물질이 농도가 높아진 곳에서 생기는 것으로 파악된다.

위 스미스의 바다. 달의 매스콘이 발생하는 지역으로서 아폴로 달 탐험선의 궤도에 미치는 영향을 조사한 지역 중의 한 곳이다.

큰 한방을 위한
준비

1969년 7월, 휴스턴에서는 카운트다운 시계가 작동하고 있었고 최종 세부 사항이 서둘러 처리되고 있었다. 모두가 아폴로 11호 임무의 마지막 마무리를 위해 집중하고 있었다.

첫번째 달 착륙, 이것이야말로 강력한 한방이었다. 그 누구도 자신의 실수에 의해 이 임무가 실패하기를 바라지 않았다. 아폴로 11호 승무원은 백업 승무원들의 도움만을 받으며 맹렬하게 시뮬레이터에서 훈련에 열중하였다. 모든 경우의 문제, 책에 나온 모든 오작동이 그들에게 주어졌고 여기에 대응하는 훈련이 계속되어 각각의 능력에 대한 자신감이 확실히 커지게 되었다.

극기심이 강하고 부드럽게 말하는 선장 닐 암스트롱(Neil Armstrong)은 오하이오주에 있는 작은 마을에서 자라났다. 닐은 파일럿의 세계에서는 드물게 잡담이나 농담을 거의 하지 않았다. 그는 항상 자신감을 가지고 단호하게 이야기했다. 어릴 때부터 비행기에 매료되었던 그는 X–15(미 공군과 NASA의 극초음 실험기. X-15가 세운 마하 6.7의 기록은 아직도 깨지지 않고 있다. 역자주)를 포함, 세계에서 가장 빠른 비행기를 몰았다. 그는 실험을 위한 X–15 로켓 비행기를 모는 소수의 파일럿 중의 한 명이었으며 유일한 민간

인이었다. 이를 통해 그는 꿈을 이뤘고 다른 천체에 첫발을 내딛는 첫 번째 사람이 되는 또 다른 꿈을 꾸게 되었다.

달 착륙선 시뮬레이터에서 닐 옆에 있는 사람은 뉴저지 출신의 에드윈 버즈 올드린(Edwin Buzz Aldrin)이었다. 테스트 파일럿 세계의 수수께끼였던 버즈는 빠르게 사는 삶에 탐닉하기보다는 지적인 것을 추구하는 편이었다. 그는 잘 알려지지 않은 분야인 궤도 역학과 관련한 논문으로 MIT에서 박사 학위를 받았고 이는 제미니 12호의 비행과 아폴로 11호의 비행 계획 단계에서 아주 완벽하게 도움이 되었다.

버즈는 깊이 있는 이야기, 특히 궤도 역학에 관해 이야기할 때만 입을 열었고 멈추지 않았던 것으로 보인다. 그는 파티에서 매우 인기가 없었다. 사령선 시뮬레이터에는 마이클 콜린즈가 있었다. 그는 이탈리아 로마에서 태어났으며 다른 동료들과 정반대의 성격이었다.

위 사령선을 검사 중인 행복한 아폴로 11호 승무원들. 왼쪽에서부터 닐 암스트롱, 마이클 콜린즈 그리고 버즈 올드린이다.

그는 상냥하고 친절하며 철학적인 사람이라 동료들의 장단점을 잘 메꿔 줄 수 있었다. 한참 뒤 그는 이 세 사람이 어떻게 함께 아폴로 11호에 탔는지 고민하게 된다. 이보다 더 특이한 팀은 없었다. 이것이 NASA에서 일하는 전형적인 방법이지만 이는 상부에서 결정한 것이었다. 그는 그가 가진 모든 기술을 발휘하여 사령선을 몰고 갈 것이며, 그가 닐이나 버즈와 친하건 말건 간에 최선을 다해 그들을 집으로 무사히 데려올 것이었다.

이 세 사람은 그들의 장대한 비행을 준비하기 위해 서로 아주 가까이에서 일했다. 그들은 짧게 대화하는 법이 없었다. 어느 날 밤, 이 세 사람이 숙소에 있을 때 버즈가 마이클 콜린즈에게 그날 있었던 시뮬레이션의 좋지 못한 결과를 두고 심하게 고함지르고 있었다. 그와 닐은 모의 연습에서 달에 추락했고 버즈는 닐이 조금 더 공부해야 한다고 생각했다. 일찍 쉬러 들어간 암스트롱은 침실에서 긴장감이 도는 숙소로 나와 잠 좀 자게 조용히 해달라고 요청하였다. 콜린즈는 그의 방으로 휙 들어가 버려 남은 두 사람이 서로의 입장 차이에 대해 해결하도록 했다. 이 사건은 세 사람 모두 기억하고 있는 공공연히 일어나는 마찰 중 하나다.

케이프 커내버럴에서는 모두가 최종 점검에 집중하고 있었다. 비행에 필요한 요소인 사령선 콜롬비아와 달 착륙선 이글이 새턴 V 로켓 위에 설치되었다. 최근에 그루먼사의 엔지니어들이 달 착륙선의 무게를 줄여 안전한 착륙과 귀환이 보장되게 만들었다. 이글은 다른 로켓들과 함께 모든 부분의 제대로 작동하도록 보장하기 위해 검사하고 또 검사하여 여기에 오류가 발생할 여지는 없었다.

그 누구도 준비가 진짜로 완료된 것인지 확신할 수 없는 상황에서 카운트다운은 계속되고 있었지만 모두 달에 가기를 원했고 이제 날아오를 시간이 되었다.

누가 먼저 내릴 것인가?

누가 달에 첫발을 딛게 될 것인가 하는 문제는 아폴로 11호 승무원을 제외한 사람들이 수많은 추측을 하게 만들었다. 선장 닐 암스트롱과 달 착륙선 조종사 버즈 올드린이 선택지에 있었는데 이전에 있었던 모든 우주 유영에서의 사례나 군대의 전통에 의하면 하급자가 항상 앞서 나가고 선장은 안에 머물렀다. 이것은 초기에 작성된 아폴로 계획 관련 문서에도 표시되어 있다. 하지만 실제로 우주에서 올드린이 암스트롱을 지나쳐 나갈만한 공간이 없었기 때문에 암스트롱이 먼저 나가게 되었다.

위 착륙을 시도하기 전. 달 착륙선 안에 있는 버즈 올드린의 모습. 이후, 그들은 달 표면에 발자국을 남김으로써 역사의 한 획을 그었다.

왼쪽 페이지 사령선 조종사 마이클 콜린즈의 모습. 아폴로 11호를 발사하는 날 아침에 기분이 좋아 보인다. 큰 이어폰과 2개의 마이크가 장착된 커다란 헤드기어는 헬멧 안쪽에 입는 것 중 일부에 해당한다.

왼쪽 베르너 폰 브라운이 그의 위대한 유산인 새턴 V 앞에 서 있다. 사진의 로켓이 아폴로 11호를 달로 보냈다.

시민/우주인

닐 암스트롱이 NASA에 들어왔을 때 그는 군인이 아니었다. 해군 조종사로 수년간 복무한 그는 캘리포니아주 하이데 저트에 있는 에드워드 공군기지에서 X–15 로켓 비행기를 조종하면서 우주와 관련된 경력을 쌓아가기 시작했지만, 그는 NASA의 전신인 국립항공자문위원회(National Advisory Committee for Aeronautics)에 소속된 민간인 신분이었다. 그는 X–15를 몰고 고도 63,093m에 도달하여 이론적으로 그리고 공군의 기준으로 "우주"에 다녀왔다. 이 경험과 X–15의 시험 비행과 제미니 8호의 사고(그가 타고 있던 캡슐이 제어 불능이 되면서 회전할 때, 모든 역경을 극복하고 무사히 귀환하였다.)에서 침착한 대처를 한 경력으로 인해 그가 달에 간 첫 번째 인간으로 선택된 것은 너무나 당연한 것일지도 모른다.

아래 X–15 앞에서 포즈를 취하고 있는 닐 암스트롱의 모습. 달에 갔었던 우주비행사 중에서 닐은 로켓 비행기 조종사 출신이자 NASA에 들어갈 때 민간인이었던 유일한 우주비행사였다. 이 사진을 찍고 9년 뒤, 그는 달 표면에 앉아 있는 달 착륙선 앞에서 이와 비슷한 미소를 짓고 있었을 것이다.

승무원을 위한 보험

아폴로 11호가 발사되기 불과 9일 전, 한 무리의 지역 회사원들이 여전히 NASA가 아폴로 우주인들을 위한 보험 정책을
만드는데 도움을 주고 있었다. 많은 사람들은 우주비행사의 봉급이 그들이 노력한 만큼 많이 받을 것으로 생각하지만 사
실 다른 연방 공무원과 별반 다를 것이 없을 정도이며 보험 같은 복지 혜택도 비슷한 정도다.

AD/Hjornevik

OPTIONAL FORM NO. 10
MAY 1962 EDITION
GSA FPMR (41 CFR) 101-11.6

UNITED STATES GOVERNMENT

Memorandum

TO : AA/Director   DATE: JUL 7 1969

FROM : AP/Public Affairs Officer

SUBJECT: Single-trip insurance for Apollo 11 crew

A group of local insurance men headed by Mr. John E. Smith of the Harlan
Insurance Company have approached the Travelers Insurance Company of
Hartford, Conneticut, to write a single-trip "travel" policy to cover the
men who fly the Apollo 11 mission (prime crew or backup crew). The
difficulty in getting insurance in the past apparently has been the in-
ability of the companies to write rates. Travelers, working with the
actuaries of several other companies, has settled on a rate of approximately
1 percent. According to representatives of the company, it is presumed
that this rate or a lesser rate would be available to astronauts on sub-
sequent flights. Travelers' representatives take the position that this
is a first step toward writing rates for space flight.

Specifically, the proposal for the Apollo 11 crew is for Travelers to
underwrite a $50,000 policy on each crew member which would cover him
against all injuries incurred as the result of the flight from entry into
the command module until release from quarantine. Coverage would extend
for an additional 100 days for any disease which is "endemic to the lunar
surface or its environs." It would not be necessary for the crew to sign
policy applications in person. This could be done by Capt. Shepard.

A group of Houston businessmen who are associates of Mr. Smith would like
to pay the premium on the policy although this, of course, is at the option
of the crew.

The travelers insurance company would like permission, if the policies are
accepted, to issue a single press release stating that the policy has been
written and describing its conditions. The company states that it will not
use the facts surrounding the policy in any form of paid advertising. The
press release would be submitted to NASA for review.

Recommendation: In view of the obvious legitimacy of the offer and of the
organizations and individuals involved and because of the fact that this
offer may lead to the ability of future crews to secure insurance at

INDEXING DATA

DATE	OPR	#	T	PGM	SUBJECT	SIGNATOR	LOC
07-07-69	MSC		M	A11	(Above)	DUFF	071-51

Buy U.S. Savings Bonds Regularly on the Payroll Savings Plan

N-16-108   10

reasonable rates, I would recommend that it be left to the crew's option
whether or not to accept this offer.

Brian M. Duff

Enclosure
Proposed language for policy

cc:
NASA Hqs., Julian Scheer, F
AB/Mr. Trimble
AD/Mr. Hjornevik
AL/Mr. Ould
CA/Mr. Slayton
CB/Mr. Shepard

AP:BMDuff:cd   7/7/69

HARLAN INSURANCE

The class of persons eligible to be insured under the policy includes and is limited to astronauts Neil Armstrong, Edwin Aldrin and Michael Collins, or any substitution for any thereof, comprising the flight crew of Lunar Command Module and its Lunar Landing Module of Lunar Flight Apollo 11.

The term "injuries" as used in this policy, or as used herein, means accidental bodily injuries of an insured person which are the direct and independent cause of the loss for which claim is made and occurred during the course of interplanetary flight or travel while this policy is in force as to such persons hereinafter called such injuries.

Such injuries shall be deemed to be inclusive of the contraction of disease which is endemic to the lunar surface or its environs.

The term "occurring during the course of interplanetary flight or travel" as used herein shall be inclusive of all acts or procedures necessarily performed during the continuance of the flight plan of Lunar Flight Apollo 11, including the entrance into the Command Module preliminary to ignition and takeoff of such Module, recovery therefrom, and the periods of required quarantine in the Lunar Receiving Laboratory.

CHAPTER
FOURTEEN

아폴로 11호의
여정

1969년 7월 16일, 닐 암스트롱, 마이클 콜린즈 그리고 버즈 올드린은 일찍 일어나 우주복 기술자들에게 둘러 싸여 끝나지 않을 것 같은 최종점검을 받았다.

승무원 숙소에서 39A 발사대로 향하는 여정에서 NASA의 밴 차량은 기자와 팬들로부터 우주인을 보호해야 했다. 바로 그들은 사령선인 콜롬비아 안에 들어갔으며 두어 시간 동안 그 안에 발이 묶여 있었다. 카운트다운은 원활히 진행되어 이제 발사 막바지에 이르렀다. 발사 3분 전, 새턴 V는 내부의 자동 발사 단계로 전환되었다. 이 시점에서부터 새턴은 스스로 제어하며 문제가 있을 때만 지상에서 정지시킬 수 있었다.

"발사 명령이 내려왔습니다. 지금은 자동 발사 상태입니다." NASA의 PR 담당자이자 아폴로 관제실의 목소리 역할을 하는 잭 킹(Jack King)이 낮은 목소리로 읊조렸다. 역사를 만드는 항해가 곧 시작될 것이라는 사실을 킹의 목소리로 확신할 수 있었을 것이다. "2분 37초... 아폴로 11호는 예정대로 출발할 것입니다." 그는 말했다. "발사 1분 35초 전, 이번 아폴로 임무는 최초로 달에 가서 사람이 내리는 것입니다. 모든 신호가 양호합니다. 우리는 출발합니다..." 극도의 흥분감이 그의 목소리에 섞여 들어왔다. 발사 25초 전, 암스트롱은 관제실 대변인에게 "느낌이 좋다."라고 말했고 이는 즉시 중계되었다. "발사 10초 전, 9... 점화 과정 시작... 6, 5, 4, 3, 2, 1, 0... 모든 엔진 정상 가동 중..." 커다란 소음이 관중을 뒤덮었으며 수 km 떨어진 곳에서도 들을 수 있었다. "발사, 32분에 발사되었습니다!" 아폴로 11호는 멍하지만 환호성을 지르고 있는 관중들을 뒤로한 채, 번개처럼 궤도로 솟아올랐다.

킹이 자리에서 물러나 여러 상황을 알리는 역할을 휴스턴으로 넘긴 것은 미국 동부 시간으로 오전 9시 32분이었다. 이제야 그의 얼굴에서 즐거움을 찾을 수 있었다. 로켓은 속도가 더 붙어 그날 아침 케이프 커내버럴을 덮고 있던 낮은 구름에 큰 구멍을 남기며 날아올랐다.

위 아폴로 11호 임무 패치 디자인은 쉽지 않았다. NASA는 이번 비행이 역사에 길이 남게 될 것이라는 점을 알고 있었기 때문에 그 누구도 여기에 이의가 없도록 해야 했다. 최종 과정에서 독수리의 발톱 아래에 올리브 나무를 추가하였다.

오른쪽 달 착륙선 조종사인 버즈 올드린이 아폴로 11호를 달로 보내줄 새턴 V 로켓으로 향하는 차량을 기다리고 있다.

잠시 후 SIC단은 2,008,994kg의 연료를 모두 소모한 후 분리되었고, SII단이 역할을 자연스럽게 이어받았다. SIVB단의 역할이 거의 다 끝나갈 무렵, 아폴로 11호는 지구 궤도에 올라왔으며 모든 것이 시뮬레이터에서 겪었던 것과 동일하였다. 2시간 30분이 지난 뒤, 컴퓨터에 달로 향하는 로켓 연소(Trans-Lunar Injection : TLI) 프로그램을 입력 후 "실행" 버튼을 눌렀다. SIVB단은 바로 점화되어 아폴로 11호는 지구 궤도를 벗어나게 되었다.

30분 뒤, 마이클 콜린즈가 사령선의 조종을 이어받았다. 그는 이제 연소가 끝난 SIVB단으로부터 분리하여 앞으로 나아갔고 깔끔하게 180도 회전한 뒤, 천천히 아주 천천히 그 뒤를 따라오고 있던 SIVB단 가까이 접근하였다. SIVB단 꼭대기 안쪽에는 달 착륙선이 들어 있으며 꺼내어지기만 기다리고 있었다. 콜린즈는 스러스터(가스를 분사하여 우주선의 자세를 제어하는 장치, 역자주)를 솜씨 좋게 활용하여 사령선이 정확한 위치에 놓이도록 하였다.

아래 불꽃을 뿜으며 맹렬하게 발사되는 아폴로 11호의 모습. 3명의 승무원은 달에 착륙할 수 있을 정도로 가벼워진 달 착륙선 LM-5와 함께 지구에서 출발했다.

발사 통제실 목소리

잭 킹이 케네디 우주 센터 발사 통제실에 1969년 7월 16일 오전 2시에 발을 들였을 때 그는 이번 비행이 단순히 또 하나의 비행이 아니라는 것을 알고 있었다. 그는 제미니 계획은 물론 이전에 있었던 몇 회의 아폴로 발사에서도 그는 "발사 통제실의 목소리" 역할을 해왔었지만 이번 것은 매우 중요했다. 달에 착륙하기 때문이다. 2,700명의 기자와 저널리스트, VIP가 발사를 보러 오는 관계로 매우 바쁜 한 주를 보낸 그는 아드레날린을 뿜으며 일하고 있었다. 하지만 그가 항상 그래왔듯이 그는 권위있으면서도 안정된 목소리로 아폴로의 상황을 전했으며, 내레이션이 휴스턴으로 전환되었을 때 수백만 명의 사람들이 실망하였다. 여기에 그는 "어떤 일이 일어나고 있는지를 실시간으로, 꾸밈없이 전달하는 것이 우리의 정책입니다.(2004년 7월 16일에 발간된 Spaceport News의 케이 그린터(Kay Grinter)가 작성한 "발사 센터의 직원들은 이글 승무원들이 역사 속으로 발사되는 것을 보았다."("Center employees saw Eagle crew launch to history")에서 인용)"라고 밝혔다. 이것은 그의 숙달된 능력이었다.

위 통제실 인원들이 케네디 우주 센터의 발사 통제실에 있는 거대한 방풍 창문(사진에서 오른쪽 밖에 있다.)을 통해 아폴로 11호가 발사되는 순간을 바라보고 있다.

아폴로 11호 발사

아래 이 미국의 애국심을 상징하는 사진에는 1969년 7월 16일, 플로리다에 있는 케네디 우주 센터에서 발사되고 있는 아폴로 11호의 모습이 담겨있다. 로켓의 가운데에 있는 타원형의 구름은 2단에 있는 액화 연료가 끓어오르면서 생긴 것이다.

가라앉는 기분

수년간 지속된 논쟁 : 달에 착륙하는 첫 번째 우주선과 승무원의 운명은 어떻게 될 것인가? 한 과학자는 그들이 달 표면의 먼지 속으로 깊이 가라앉아 다시는 돌아오지 못할 것으로 생각했다. 비엔나에서 태어나 코넬 대학교에 재직하고 있던 토마스 골드(Thomas Gold)는 처음에 달 표면에는 먼지층이 있을 것이라 예상했고 이는 옳은 것으로 판명되었다. 이후 그는 이 먼지층의 두께가 4m 이상이며 우주인들에게 위험할 것이라는 이론을 제시하였다. 다행히 이번 경우는 그가 틀렸다. 그는 종종 기존 체제를 완강히 거부하였지만 이로 인해 기쁨을 느낀 적은 거의 없었다. 그는 "나는 이단자로서의 내 역할이 즐겁지 않았습니다.(2004년 6월 22일에 발간된 코넬 대학교 보도자료)"라고 말했다.

왼쪽 페이지 앨런 빈(Alan Bean)이 아폴로 12호에서 달 표면에 내릴 때. 달 먼지 속으로 가라 앉을까봐 두려워했다.

유리로 만든 접안렌즈를 들여다보면서 그는 달 착륙선 꼭대기에 있는 흰색 원반 위에 표시한 작은 "X"자 표시를 목표로 삼아 달 착륙선과의 도킹에 집중하였다. 목표가 점점 가까이 다가왔을 때 잠시 한쪽으로 치우치는 듯하더니 뭔가 긁는 소리가 났다. 사령선 꼭대기에 있는 탐침이 달 착륙선에 있는 가이드에 미끄러져 들어가는 것이었다. 도킹 걸쇠가 잠기는 반가운 소리가 났고 콜린즈는 스러스트를 반대로 작동시켜 달 착륙선을 SIVB단에서 꺼냈다.

두 우주선과 함께 비행을 하면서 아폴로 11호의 남은 부분은 달 착륙선과 결합한 채로 약 3일 동안, 달이 있어야 할 위치를 향해 아폴로 11호는 우주의 구멍 속으로 속도를 내기 시작했다.

아래 사령선 조종석에서 바라본 광경 : 달 착륙선이 SIVB단 안에서 도킹과 추출을 기다리고 있다. 도킹 시에 달 착륙선에 손상을 주지 않기 위해서는 많이 주의해야 한다.

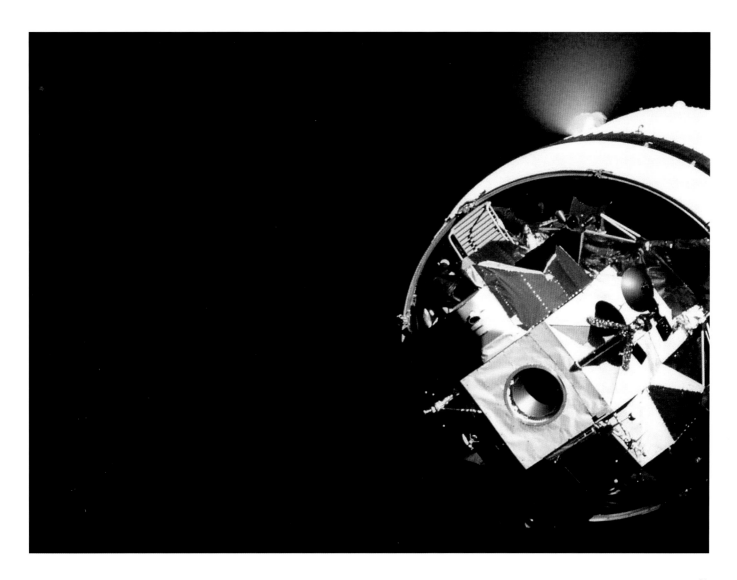

CHAPTER
FIFTEEN

착륙 신호

그들은 달 궤도에 머물러 있는 동안 두 우주선의 시스템을 점검하고 동력을 이용한 착륙 개시(Powered Descent Initiation : PDI)에 문제가 없음을 확인하였다.

"쾅" 콜롬비아의 끝부분에 있는 스프링이 달 탐사선을 밀어내는 소리가 났다. 이제 2개의 우주선으로 분리된 채로 비행을 시작하게 된다. 콜린즈는 스러스터를 분사하여 그의 위치를 조절하였고 암스트롱은 사령선 창문 앞에서 이글을 회전시켜 사령선 조종사인 콜린즈가 착륙선을 잘 볼 수 있도록 하였다. 콜린즈가 달 착륙선을 잘 확인한 뒤, 작별 인사를 고했다. "잘 다녀오세요." 여기에 암스트롱은 짧게 답했다. "다음에 만나요." (화염을 등에 지고 : 우주인의 여정(Carrying the Fire : An Astronaut's Journey), 마이클 콜린즈 저, 1983년)

휴스턴에서 허가 신호를 받은 암스트롱은 PDI 절차를 달 착륙선 컴퓨터에 입력 후 엔진을 점화시켰고 이로 인해 속도가 점점 줄어 들어 달 궤도에서 아래로 하강하기 시작했다. 이때 고도가 15,240m였는데 14,021m에 이르렀을 때 문제가 발생하기 시작하였다.

"프로그램 경고!" 암스트롱이 외쳤고, 이어 올드린이 1202 알람이 발생했다고 알려왔다. 관제실 요원들은 창백해진 얼굴로 서로를 바라볼 뿐이었다. 도대체 1202 알람이 무엇이란 말인가?

왼쪽 아폴로 11호의 달 착륙선인 이글에서 바라본 사령선/기계선 콜롬비아의 모습.

우주에서 가장 외로운 사람

이것은 아마도 콜린즈가 두 번째로 많이 받은 질문일 것이다. 첫 번째는 "달에 가고 싶지 않았나요?" 그리고 두 번째는 "달의 뒷면에서 통신이 끊겼을 때 무섭지, 외롭지, 걱정되지, 염려되지(별개의 질문) 않았나요?"라는 질문이다. 그는 마치 비행에서 돌아와 언론에 답하듯 다음과 같이 답하였다. "저는 지금도 외롭습니다. 지금까지 알고 있던 모든 사람들과 단절되었어요. 저는 그렇습니다. 계산하자면 30억 명과 2명의 사람이 달의 반대편에 있었고, 그 맞은 편에 저 한 명 외에 누가 더 있었는지는 신 만이 아시겠죠. 이런 느낌을 좋아합니다."(화염을 등에 지고 : 우주인의 여정(Carrying the Fire : An Astronaut's Journey), 마이클 콜린즈 저, 1983년)

오른쪽 사령선 시뮬레이터 안에 있는 마이클 콜린즈의 모습. 수백 개의 스위치 주변에 있는 반원 모양의 금속은 충격 발생 시 실수로 스위치가 작동되는 것을 막아준다.

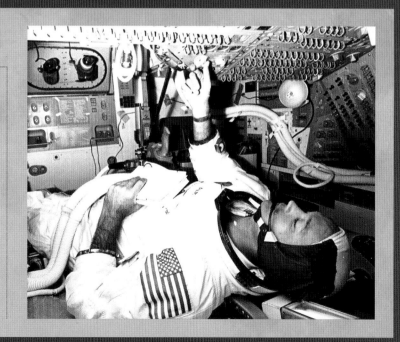

그러나 잠시 후, 통제실 요원 한 명이 통제실장 진 크란츠(Gene Kranz)에게 아직 착륙을 진행해도 괜찮다고 알렸다. 크란츠는 요원들을 믿고 있었기에 이유를 묻지 않았고 하강은 지속되었다. 그리고 이글은 이후 1,524m를 더 하강하였는데 경고 메시지가 또 나타났다. 이번에는 1201 경고였다. 이 경고 메시지의 정체는 무엇일까? 오직 스티브 베일즈(Steve Bales)라는 관제실 요원 한 명만이 무슨 일이 일어나고 있는지 이해하고 있었다. "착륙을 계속 진행합니다." 그가 말했다. 그는 컴퓨터에 너무 많은 정보가 입력되어 과부하가 걸린 것을 깨달았다. 체크리스트 작성 오류에 의해 이글의 승무원들은 랑데부 레이더를 켜두었고 동시에 착륙 레이더가 컴퓨터로 정보를 보내와 컴퓨터가 할 일이 너무 많아진 것이다. 이로 인해 컴퓨터는 데이터 일부를 버리고 재작동을 하게 되었다. 이제 또 다른 문제가 달 착륙선 승무원 앞에 극적으로 나타났다. 컴퓨터가 데려간 장소 아래로 바위가 널려있었다. 그중 몇몇은 그 크기가 커다란 자동차만 했다. 암스트롱은 수동 조종으로 전환하여 수평 비행을 시작하였고 착륙에 적당한 평평한 곳을 찾기 시작하였다. 언제나 그랬듯 그는 침착했지만 그와 올드린은 연료가 얼마 남아있지 않는다는 것을 알고 있었다. 몇 분 안에 착륙하지 못할 경우 착륙을 취소하고 착륙단을 분리 후 상승단 엔진을 작동시켜야 한다. 고도가 너무 낮을 경우에는 아무런 시도조차 해볼 수 없으며, 그대로 추락하여 구겨진 은박지와 두 구의 시신만이 남게 된다.

이때 컴퓨터 화면과 고도계를 주시하고 있던 올드린은 암스트롱과 관제실에 실시간으로 데이터를 이야기해주느라 너무나 바빴기 때문에 창밖을 슬쩍 볼 여유조차 없었다.

"300피트, 3.5 하강, 47 전진…"

올드린이 물었다. "연료는 얼마나 남았나?" 암스트롱이 담담한 목소리로 사실만을 이야기 답했다. "8%…"

"200피트, 13 전진… 11 전진, 잘 하강하고 있다." 올드린이 불러주는 숫자가 들려올 때마다 통제실은 조용했다.

"60피트, 2.5 하강, 2 전진."

잠시 후 386,160km 떨어진 곳에서 음성이 들렸다. "60초…" 캡슐 커뮤니케이터(Capcom)이자 동료 아폴로 우주인인 찰리 듀크(Charlie Duke)의 목소리였다. 그는 이글 승무원들에게 임무 취소 전 1분 분량의 연료밖에 없다고 경고하였다. 암스트롱은 그의 의식 한구석에서 밀려 나오는 자포자기하는 마음을 억누르며 지표면을 살폈다.

하강 엔진의 불꽃이 지면에 닿자, 먼지가 달 착륙선 아래에서 올라오기 시작하였다. "30초…" 듀크가 말했다.

> 당신들 거기서 조심해! 허풍떠는 낌새만 보이면 나도 투덜대기 시작할 거라고, 콜롬비아와 이글의 분리를 준비하면서 콜린즈가 말했다.
>
> (화염을 등에 지고 : 우주인의 여정(Carrying the Fire : An Astronaut's Journey), 마이클 콜린즈 저, 1983년)

오른쪽 페이지 사령선과 분리 후, PDI 전에 이글은 콜롬비아 앞에서 천천히 선회할 때 콜린즈가 외관에 이상이 없는지 확인한다. 가장 관심을 가지고 보아야 할 부분은 착륙 다리인데 다리는 끝까지 펴져 잠겨있어야 하며 이렇지 않을 경우 착륙이 재앙으로 바뀔 수 있다.

왼쪽 달 착륙선 이글에서 바라본 바깥 풍경의 모습. 착륙 직후 촬영한 사진이다. 지질학적으로는 따분한 지역이지만 상대적으로 평평하고 착륙에 안전한 지역이었다. 첫 번째 달 착륙을 위해서는 충분했다.

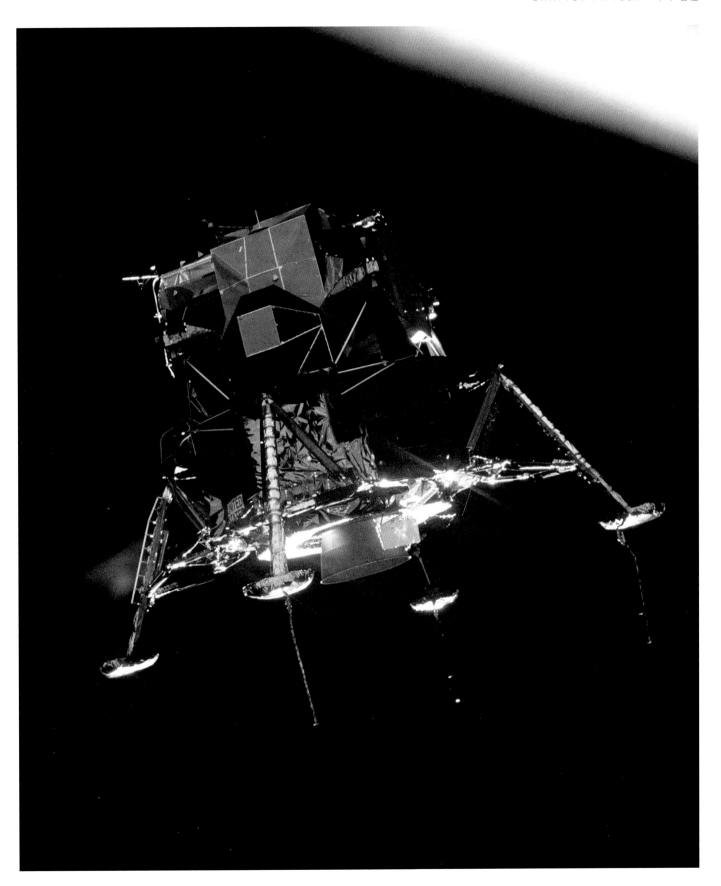

아폴로 11호 하강 지도

아폴로 11호 하강 지도는 달 궤도에서 촬영한 사진을 모자이크 처리한 것이다. 이 지도는 암스트롱이 하강하여
착륙하는 지점을 가장 잘 보여준다. 실선은 최적의 궤적을 나타낸 것이다. 이 지도는 오른쪽에서 왼쪽으로 봐
야 하며, 몰트케(Moltke)와 사빈 B(Sabine B) 크레이터 근처에 있는 선이 한곳에 모이는 지점은 고요의 바다에
있는 목표했던 착륙 지점을 의미한다.

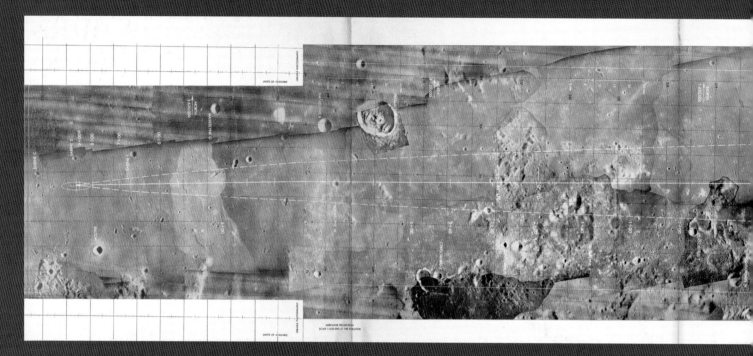

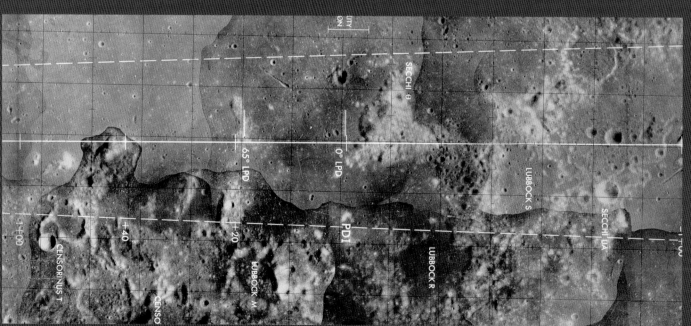

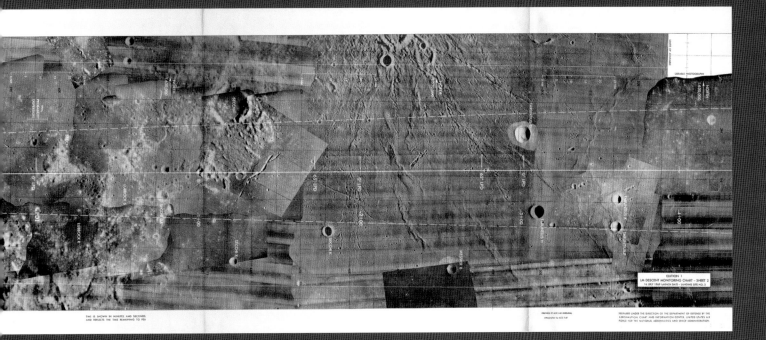

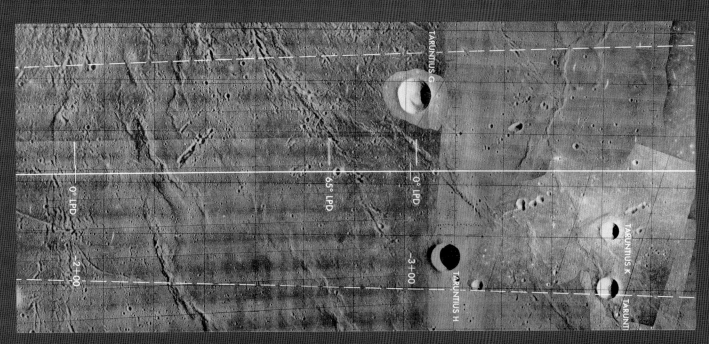

연료 플러그

착륙한 직후, 통제실에 있는 계기판 중 한 곳에서 이상 신호가 포착되었다. 착륙단에 있는 연료 라인 중 한 곳의 압력이 올라가고 있던 것이다. 이런 상황이 지속될 경우 파이프가 터질 수 있으며 폭발할 가능성도 있었다. 휴스턴이 이에 관해 승무원들에게 알렸지만 그 이전에는 누구도 여기에 신경 쓰지 않았다. 하지만 하강 엔진의 잠열이 연료 라인 바깥에 있는 얼음을 녹여 압력이 떨어졌고 모든 상황이 좋아졌다. 달 표면으로 내려갈 수 있게 된 것이다.

왼쪽 페이지와 아래 이 사진에는 아폴로 14호의 달 착륙선 하강단이 보인다. 아폴로 11호와 동일하게 가려져 있는 얼어붙은 연료 플러그를 볼 수 있다.

지구의 모두가 패닉 상태에 빠지기 직전, 스피커를 통해 반가운 소리가 흘러나왔다. 올드린이었다. "접촉 신호가 들어왔다." 그는 간단하게 말했다. 이것은 달 착륙선의 다리 중 하나가 달 표면에 접촉했다는 의미이다. 암스트롱이 엔진을 끄자 가벼운 충격과 함께 이글이 달 표면에 안착하였다. 40억 년 동안의 적막이 깨진 것이다.

잠시 동안의 정적이 흐르고 암스트롱과 올드린은 손을 움켜잡았다. 진심 어린 온기가 두 사람의 얼굴에 나타났다. 암스트롱은 그의 마이크를 통해 다음과 같이 말했다. "휴스턴, 여기는 고요의 기지... 이글이 착륙했다."

보통은 절제하는 분위기의 통제실에도 기쁨의 환호성이 울려 퍼졌다. 진 크란츠는 나중에 자신의 손바닥을 내려다보았고 자신도 모르는 사이에 연필을 두 쪽으로 부러뜨렸다는 사실을 알게 되었다.

"알았다. 이글", 찰리 듀크가 말했다. "여기에 얼굴이 파랗게 질린 사람들이 잔뜩 있지만, 다시 숨쉬기 시작했다. 고맙다." 전 세계적으로 6억 명의 사람들이 착륙 과정을 TV를 통해 보거나 라디오를 통해 들었고 한마음으로 응원을 보냈다. 아폴로 11호는 사람이 달에 간다는 불가능한 임무를 결국 해냈다.

아폴로 11호 착륙

아래 아폴로 11호가 착륙했을 때 깃발, 시가와 건배가 휴스턴에 있는 통제실의 신성함을 깨트렸다. 사진 중앙에 비행 감독관인 크리스 크래프트(Chris Kraft)가 있다.

CHAPTER
SIXTEEN

장엄한 적막감

착륙 후 6시간 30분이 지난 뒤, 닐 암스트롱은 다른 세계에 발을 내딛는 첫 번째 인간이 되려 하고 있었다. 그는 천천히 사다리를 내려가 착륙선 받침대에 달려 있는 큰 원반 위에 내려섰다.

그는 고개를 돌려 달 착륙선 그림자 너머에 있는 밝게 빛나는 달 표면을 보았다. "이제 LM에서 발을 떼겠다..." 그는 단순히 말했다. 그의 부츠가 먼지로 덮여 있는 표면에 닿았다. "이것은 한 인간에게는 작은 한걸음이지만, 인류에게는 커다란 도약이다("That's one small step for man, one giant leap for mankind")." 이 말은 20세기에 가장 논란이 된 문구였다. 암스트롱은 그렇게 말하고자 했고 제대로 말했다고 생각했지만 사실 그는 "한 인간에게는 커다란 도약이다...("One giant leap for a man...")"라고 했기 때문이다. 그가 단어를 잊은 것인지 아니면 무선 통신이 그때 잠시 끊긴 것인지는 아무도 모른다. 하지만 자세한 연구를 진행한 결과 그가 대사를 잊은 것이라는 결론이 났다. 달에서 암스트롱은 머물러도 안전한지 아닌지와 달 착륙선의 받침대 위치 그리고 갑작스럽게 출발해야 할 경우 사다리를 올라가는 것이 가능한지 점검하였다. 그리고 비상사태 시 바로 출발해야 하는 경우에 대비하여 "비상상태 샘플"이라고 하는 분석 시료 주머니에 흙과 자갈을 한 움큼 집어넣었다.

다행히 모든 것이 순조로웠다. 임무와 승무원은 모두 무사했으며 한 시간 삼십 분 뒤에는 올드린도 달 표면으로 내려왔다. 그들은 다음과 같은 대화를 나눴다. :

올드린 : 풍경이 아름답다.
암스트롱 : 놀랍지 않니? 장엄한 풍경이 펼쳐 있어.
[생각에 잠긴 듯 침묵]
올드린 : 장엄한 적막감이 느껴진다.

아래 현대의 탐험을 기록한 사진 중 가장 유명한 사진 중의 하나에 담겨 있는 에드윈 "버즈" 올드린의 모습.

커다란 도약

닐은 어디에?

아폴로 11호 임무 중에 수행한 2시간 반 동안의 달 표면 활동 중, 버즈 올드린은 그의 파트너인 닐 암스트롱의 사진을 단 한 장도 촬영하지 않았다. 오로지 달 표면을 걸을 때만 사진을 찍어주지 않았는데 그는 그 이유에 대해 설명하지 않았다. 어떤 사람들은 올드린이 달에 간 두 번째 사람으로 결정된 것에 대해 불만을 품었을 것이라 생각하지만 그의 헌신과 프로 정신을 생각하면 이는 있을 수 없는 일이다.

오른쪽 달 표면에서 EVA를 하는 동안 촬영한 암스트롱의 사진은 없지만, 올드린은 그들이 달 착륙선으로 귀환했을 때 올드린은 암스트롱이 피곤하지만 기뻐하는 모습이 담긴 스냅사진을 딱 한 장 촬영하였다.

다른 사람도 아니고 시인과는 거리가 먼 사람에게서 아폴로 이후의 달의 본질을 규정할 말이 나왔다. 그리고 역사상 달 표면을 처음으로 걸은 두 사람은 일하기 시작하였다. 그 둘이 달 표면에서 함께 할 수 있는 시간은 2시간도 채 되지 않았지만 할 일이 많이 있었다. 얇은 흙 표면에 미국 국기를 간신히 세운 다음, 시간이 빠르게 흐르는 가운데 휴스턴은 당시 미국 대통령이었던 리처드 닉슨이 그들을 축하하기 위해 "통화 대기 중"이라고 알려주었다. 암스트롱은 올드린에게 대통령과의 통화에 대해 알리는 것을 잊었는지 그 말을 듣자 올드린은 깜짝 놀랐다. 그들은 대통령과 형식적인 대화 및 축하를 나눴고 백악관 만찬에 초대받았다.

그리고 그들은 다시 일로 돌아왔다. EASEP을 설치해야 했는데 EASEP은 초기 아폴로 과학 연구 패키지(Early Apollo Scientific Experiments Package)의 줄인 말이며, 달에 이와 동일한 장비는 이후에도 설치된 바가 없다(나중에 나온 버전은 ALSEP이라고 하며, A는 "향상된(Advanced)"을 의미한다. EASEP과는 다른 장비를 탑재하고 있다.). 이 패키지는 평평한 곳에 조심스럽게 놓여졌으며 아주 정밀하게 설치되었다. 그들이 주의를 기울여 장비를 설치했지만 설치를 마칠 무렵에는 고운 먼지가 뒤덮여 새 장비들과 두 승무원이 입고 있던 우주복이 모두 짙은 회색이 되어 버렸다.

달 착륙선에 대한 상세한 평가도 수행하였고 돌과 토양 샘플도 채취하였다. 그리고 달 착륙선 안으로 돌아가야 할 시간이 되었다. 1시간 안에 이 둘은 달 착륙선으로 복귀하였고 해치를 닫고 탑승 공간 안의 압력을 높였다. 이 둘은 피곤했지만 즐거웠다. 아주 긴 하루였다. 달 궤도를 떠난 지 11시간이 지났고, 달 표면에서 2시간 반을 머물렀다.

짧고 불편한 수면 시간이 지나고, 달 착륙선은 모터가 돌아가는 소리와 냉매가 흐르는 소리로 인해 시끄러워졌다. 이제 돌아갈 시간이 된 것이다. 두 우주인은 체크리스트를 따라 하나하나 조심스럽게 점검하였다. 휴스턴이 OK 신호를 보내자 유도 컴퓨터에 상승 활성화 코드를 입력하였다. 컴퓨터는 반짝이는 녹색의 "99" 신호를 냈다. 이는 "진짜로 실행합니까?"라는 의미이다. 암스트롱은 "진행" 버튼을 눌렀고 짧은 카운트다운 뒤에 상승단과 하강단을 연결하고 있던 폭발성 볼트가 터져나갔고 아래쪽에 있던 칼날이 두 단 사이에 있는 두꺼운 전선을 잘랐으며, 상승단 엔진에 있는 2개의 작은 밸브가 열리며 상승단이 이륙하기 시작하였다.

오른쪽 페이지 버즈 올드린이 사진 왼쪽 달 표면에 있는 EASEP, 즉, 아폴로 11호의 실험 장비 패키지를 옮기고 있다.

왼쪽 버즈 올드린의 발자국. 그는 그가 빠르게 움직일 때마다 보이는 달 먼지 입자들의 움직임과 발자국의 응집력에 매료되어 있었다.

달 착륙선의 상승단은 연료를 소모함에 따라 달 착륙선의 질량이 변화하기 때문에 무게 중심을 계속 잡아줘야 했으며, 이 때문에 흔들거리는 경로를 그리며 날아오른 뒤 잠시 후 궤도에 안착하였다. 몇 시간 내에 그들은 사령선과 도킹을 하고 23kg의 월석 및 표면 토양 샘플, 카메라 필름통, 그리고 다른 장비를 사령선으로 옮긴 후, 이글을 분리하였고, 콜린즈는 SPS 엔진을 분사하여 달 궤도에서 이탈하고 집으로 돌아오는 여정에 속도를 냈다.

마이클 콜린즈는 마지막에 지구 궤도 너머 철저히 혼자였던 두 번째 사람(첫 번째는 아폴로 10호에 탑승했던 존 영이다)이었고, 착륙선의 상승 엔진이 잘 작동하여 동료들이 무사히 올라오고 있는지 질문을 퍼붓던 첫 번째 사람

이 되었지만 안심할 수 있었다. 동료들에게 말하지 않았지만 그들이 성공할 확률을 반반으로 생각하고 있던 그는 이제 이 이야기가 해피엔딩으로 끝날 것이라 확신했다.

그들은 지구에 도착하기 전에 화려한 퍼레이드와 세계 투어가 있을 것이며, 이 세 사람 모두 실제 우주 비행에서 은퇴하리라는 것을 이미 알고 있었고 실제로 그랬다. 하지만 그들은 그들의 탁월한 재능으로 임무를 완수했고 세상은 영원히 바뀌게 되었다. 인간이 달 위를 걸었다.

세관

그들의 특별한 여행에도 불구하고 아폴로 11호의 승무원들이 하와이를 통해 미국에 도착했을 때 세관 신고를 해야만 했다. 어찌 되었건 그들은 미국 영토 밖을 다녀왔기 때문에 의무적으로 세관 신고 서류를 작성했다. 우습고 어이없게 느껴지지만 규칙은 규칙이고 승무원들은 기꺼이 서류를 작성하고 집으로 향했다. 그들이 신고한 물품은 다음과 같다. "월석과 달 먼지, 샘플". 전부 면세 품목이다.

위 관제실 요원들이 아폴로 11호 임무 기간 중 두 번째로 환호하는 모습. 아폴로 승무원들은 무사히 착수하여 하와이로 향했다.

위 아폴로 11호 승무원이 작성한 세관 신고 서류.

아폴로 11호 임무 보고서

아폴로 11호의 임무 보고서는 달에 착륙하고 3개월이 지난 1969년 11월에 발표되었다.
전반적으로 이번 임무는 "최고" 등급을 받았다.

NATIONAL AERONAUTICS AND SPACE ADMINISTRATION

APOLLO II

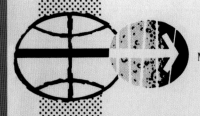

MANNED SPACECRAFT CENTER HOUSTON, TEXAS

3.0 MISSION DESCRIPTION

The Apollo 11 mission accomplished the basic mission of the Apollo Program; that is, to land two men on the lunar surface and return them safely to earth. As a part of this first lunar landing, three basic experiment packages were deployed, lunar material samples were collected, and surface photographs were taken. Two of the experiments were a part of the early Apollo scientific experiment package which was developed for deployment on the lunar surface. The sequence of events and the flight plan of the Apollo 11 mission are shown in table 3-I and figure 3-1, respectively.

The Apollo 11 space vehicle was launched on July 16, 1969, at 8:32 a.m. e.s.t., as planned. The spacecraft and S-IVB were inserted into a 100.7- by 99.2-mile earth parking orbit. After a 2-1/2-hour checkout period, the spacecraft/S-IVB combination was injected into the translunar phase of the mission. Trajectory parameters after the translunar injection firing were nearly perfect, with the velocity within 1.6 ft/sec of that planned. Only one of the four options for midcourse corrections during the translunar phase was exercised. This correction was made with the service propulsion system at approximately 26-1/2 hours and provided a 20.9 ft/sec velocity change. During the remaining periods of free-attitude flight, passive thermal control was used to maintain spacecraft temperatures within desired limits. The Commander and Lunar Module Pilot transferred to the lunar module during the translunar phase to make an initial inspection and preparations for systems checks shortly after lunar orbit insertion.

The spacecraft was inserted into a 60- by 169.7-mile lunar orbit at approximately 76 hours. Four hours later, the lunar orbit circularization maneuver was performed to place the spacecraft in a 65.7- by 53.8-mile orbit. The Lunar Module Pilot entered the lunar module at about 81 hours for initial power-up and systems checks. After the planned sleep period was completed at 93-1/2 hours, the crew donned their suits, transferred to the lunar module, and made final preparations for descent to the lunar surface. The lunar module was undocked on time at about 100 hours. After the exterior of the lunar module was inspected by the Command Module Pilot, a separation maneuver was performed with the service module reaction control system.

The descent orbit insertion maneuver was performed with the descent propulsion system at 101-1/2 hours. Trajectory parameters following this maneuver were as planned, and the powered descent initiation was on time at 102-1/2 hours. The maneuver lasted approximately 12 minutes, with engine shutdown occurring almost simultaneously with the lunar landing in the Sea of Tranquillity. The coordinates of the actual landing point

A-12

NASA-S-69-3797   Figure A-1.- Extravehicular mobility unit.

Oxygen purge system

Sun glasses pocket

Support straps

Portable life
support system

Oxygen purge system
umbilical

Cabin restraint ring

Integral thermal
and meteoroid
garmet

Urine collection and transfer
connector/biomedical injector/
dosimeter access flap and
donning lanyard pocket

Extravehicular
visor assembly

Remote control unit

Oxygen purge
system actuator

Penlight pocket

Connector cover

Communications,
ventilation and liquid
cooling umbilicals

Extravehicular glove

Utility pocket

Pouch

    After reaching the Manned Spacecraft Center, the spacecraft, crew,
and samples entered the Lunar Receiving Laboratory quarantine area for
continuation of the postlanding observation and analyses. The crew and
spacecraft were released from quarantine on August 10, 1969, after no
evidence of abnormal medical reactions was observed.

CHAPTER

SEVENTEEN

달에서의 웃음 :
아폴로 12호

아폴로 12호의 승무원은 다른 아폴로 임무의 승무원들과는 달랐다. 선장 찰스 "피트" 콘래드(Charles "Pete" Conrad) 선장, 달 착륙선 조종사 앨런 빈(Alan Bean), 사령선 조종사 딕 고든(Dick Gordon)은 매우 친한 친구들이었으며 서로를 순수하게 사랑하였다.

이런 유대 관계를 만든 것은 콘래드였다. 이 세 사람은 임무를 수행하는 전체 기간 모두 함께 임무를 즐겼다.

1969년 11월 14일에 있었던 발사 도중, 이번 임무에 있어서 유일한 대형 비상사태가 발생하였다. 발사 36초 후 사령선 안에서 뭔가 부서지는 듯한 소리가 들렸고 갑자기 수십 개의 경고등이 켜진 것이다. 그 누구도, 아주 심각한 상황의 모의 실험에서조차 이런 경우를 본 적이 없었다. 빈의 도움을 받아 이 문제를 인식하고 해결한 것은 지상에 있던 기술자 존 아론(John Aaron)이었다. 번개에 2번 맞았지만 예상대로 사령선은 아무런 문제가 없었고 한 시간 이후 모든 승무원들은 빙그레 웃고 있었다.

달을 향한 한가로운 여정을 마치고 콘래드와 빈은 달 착륙선으로 올라가 아폴로 11호와 동일한 절차를 밟아 달 표면으로 하강하기 시작하였다.

콘래드는 암스트롱과 같이 착륙을 수백 미터 앞두고 수동 조작으로 전환하였다. 암스트롱은 착륙 지점을 지나쳤지만, 콘래드는 이로 인해 죽는 한이 있더라도 정확한 지점에 착륙하고자 했다. 우주에서는 작은 계산 실수로 인해 실제로 죽을 수도 있다. 그들이 착륙하자마자 콘래드는 그가 정확한 지점에 착륙했음을 알 수 있었다. 착륙 직전에 그와 빈은 3년 전에 발사되어 착륙 지점 근처에 조용히 누워 있는 무인 탐사선 서베이어 3호(Surveyor 3)를 볼 수 있었다. 그들의 임무 중 하나는 가능하다면 서베이어호를 찾아서 부품의 일부를 회수하고 연구를 위해 지구로 가져오는 것이었다.

그러나 콘래드는 우선 달 표면에 내려서 할 특별한 계획을 생각하고 있었다. 누가 우주인들의 대사를 써주는지 다들 궁금해했고, 암스트롱이 아폴로 11호 달 착륙 때 한 불멸의 대사 때문에 두 번째로 달에 간 선장이 어떤 말을 첫마디로 할까 궁금해하는 분위기였다.

왼쪽 아폴로 12호의 임무 패치에는 빠르고 민첩한 19세기 미국의 화물선인 양키 클리퍼 (Yankee clipper)호의 모습이 묘사되어 있다. 선장 피트 콘래드는 이 이미지가 그의 사령선/기계선을 잘 표현하고 있다고 느껴 양키 클리퍼라는 이름을 붙였다.

위 아폴로 12호의 세 친구. 왼쪽에서부터 선장 찰스 "피트" 콘래드 선장, 사령선 조종사 딕 고든, 달 착륙선 조종사 앨런 빈의 모습이 보인다. 그들은 아폴로 우주인 중에서 가장 깊은 유대관계를 지니고 있었으며 평생 가까운 친구로 지냈다.

격리!

NASA는 속으로 그들을 조롱했지만, 일부 대중은 달에 있는 세균이 지구에 유행병을 가져올 것이라는 공포감이 있었다. 이에. NASA는 초기 달 착륙 임무에 참여했던 승무원들(아폴로 11, 12, 14호)을 각각 거의 3주간 격리시켰다. 아폴로 캡슐이 착수한 뒤, 아폴로 우주인들은 고무 성분의 바이오 의류를 입고 공기가 밀폐된 트레일러에 격리되었다. 감염에 대한 어떠한 보고도 없었기 때문에 아폴로 14호 이후에는 이러한 격리 조치가 사라졌다. 그러나 아폴로 12호가 가지고 온 서베이어 3호의 카메라에서 연쇄상구균이 발견되었지만 이는 지구에서 온 것으로 달 여행에서 살아남아 3년을 버틴 뒤 지구로 돌아오게 된 것이었다. 그 균들은 인후염을 일으킬 정도보다 약간 더할 뿐이었다.

위 리처드 닉슨 대통령이 격리된 아폴로 11호 승무원들을 만나고 있다.

위 발사 직후. 아폴로 12호는 번개에 2번 맞았다. 사령선에는 경고등이 들어왔고 임무를 포기할 사항이었다. 하지만 승무원들은 침착하게 문제에 대처하였고 로켓을 몰아 궤도에 올라갔다.

오른쪽 이번 임무의 핵심 목표 중 하나였던 서베이어 우주선 옆에 서 있는 피트 콘래드의 모습. 그는 TV 카메라를 떼어서 연구를 위해 지구로 가져왔다.

하지만 콘래드는 암스트롱이 아니었고 이번 비행 또한 역사에 길이 남을 첫 번째 달 착륙도 아니었다. 그리고 테스트 조종사는 전통적으로 내기를 하는데 발사하기 몇 주 전 지상에서 했던 내기에서 그가 승리하였다. 그래서 그가 달 착륙선의 사다리를 내려와 먼지로 뒤덮인 폭풍의 바다에 발을 내디뎠을 때 그는 모두를 놀라게 하였다.

"그것은 닐에게는 작은 한걸음이었겠지만, 나에게는 아주 큰 한걸음이다!" 콘래드가 남긴 불멸의 첫마디였다. 암스트롱의 키가 183cm였던 것에 비해 그의 키는 167cm였던 것이다. 휴스턴에 있는 관제실 요원들은 충격을 받았지만 미소지었다. 고전적인 유머였으니까.

잠시 후 그와 빈은 달 표면에서 열심히 일하기 시작하였다. 그들은 달 표면에서 활동을 2번 할 예정이었지만 아폴로 임무가 항상 그렇듯이 일정이 빡빡하여 문제에 대처할 시간이 없었다. 그들이 ALSEP 실험 패키지의 전원 부분을 꺼내려 할 때 잔뜩 긴장하고 있던 휴스턴에 빈이 간결하게 문제점을 이야기하였다.

빈 : 잠깐, 이거 농담이지?
콘래드 : 나사가 다 풀렀는지 확인해봐.
빈 : 그렇게 하면 이 녀석이 화낼 수 있어. 알아?
콘래드 : 당연하지.
빈 : 이거 빨리 원상 복귀시키고 다른 방법으로 해볼께.

달 착륙의 발전

길고 끔찍했던 아폴로 11호의 달 착륙 마지막 단계 이후, 추가로 달 위에서 비행을 할 수 있는 시간이 아폴로 12호
에 주어졌다. 콘래드가 목표로 하고 있던 정확한 지점에 착륙하는데 있어서 이는 매우 유용하였다. 아폴로 11호의
착륙 일주일 뒤에 작성된 이 메모에는 아폴로 12호 승무원들에게 착륙 시, 보다 더 많은 연료와 시간을 제공할 수
있는 방법이 기술되어 있다. 나중에 밝혀진 일이지만, 콘래드에게는 필요가 없었다.

OPTIONAL FORM NO. 10
MAY 1962 EDITION
GSA FPMR (41 CFR) 101-11.6

UNITED STATES GOVERNMENT

Memorandum

NASA - Manned Spacecraft Center
Mission Planning & Analysis Division

7-99

H-1
July

7 file 4

TO : FM/Assistant Chief, Mission Planning
and Analysis Division

DATE: JUL 29 1969
69-FM8-71

FROM : FM8/Advanced Mission Design Branch

SUBJECT: Improving the lunar landing accuracy of Apollo 12

It is suggested that the flight plan for Apollo 12 be modified to
permit a reduction in PDI navigated state uncertainties and to
increase the hover and translation capability. This can be accomplished
by performing the DOI maneuver with CSM propulsion three revolutions
prior to PDI. The LM ΔV normally used for DOI is then available to
extend the hover and translation capability by about 14 seconds. The
PDI navigated state should be improved since the results of the actual
DOI maneuver can be tracked for two front side posses and the LM
state updated on the third pass prior to PDI.

The LM and CSM should remain docked during the first two passes in
the 60 x 8 orbit with LM separation occurring just prior to the third
apolune passage. The CSM will circularize at the third apolune passage.
The abort and LM rescue situation remains the same as in Apollo 11.

The implementation of this technique should be started with MPAD
obtaining answers to the following questions:

(a) Can the timeline be modified to accommodate this technique
for Apollo 12?

(b) Is there sufficient SPS reserve to accommodate the additional
150 fps ΔV requirement? Are there any SM/RCS problems?

(c) What is the expected landed dispersion prior to manual take over?

(d) What is the expected translation distance capability?

James J. Taylor
James J. Taylor

APPROVED BY:

Jack Funk
Jack Funk
Chief, Advanced Mission
Design Branch

cc: (see attached list)

INDEXING DATA

DATE	OPR	#	T	PGM	SUBJECT	SIGNATOR	LOC
07-29-69	MSC	69-FM8-71	M		(Apollo)	J. TAYLOR	07H S3

Buy U.S. Savings Bonds Regularly on the Payroll Savings Plan

5010-108

빈은 연료봉을 달 착륙선 한쪽에 붙어 있는 캐스크(cask, 방사성 물질을 일시적으로 담는 용기, 역자주)에서 꺼내려 했다. 이 캐스크는 아폴로 12호 발사 시 어떤 이유로 인해 폭발할 경우 떨어져 땅에 닿는 것을 방지하기 위해 사용되었다. 연료봉은 ALSEP 실험 장비에 전원을 공급하지만 잘 들러붙었다. 하지만 이것이 없으면 상당한 분량의 임무를 완수할 수 없게 되는 것이다.

수많은 노력과 가벼운 욕설을 한 뒤에 콘래드는 그가 "만능 도구"라 부르는 것을 가지고 달 착륙선으로 다가왔다. 빈은 그가 다가오는 것을 보고 걱정하였다. "아무것도 내리지 마…" 빈이 말했다. 콘래드는 빈을 안심시켰다. "응, 안 그럴 거야…" 콘래드의 장갑에는 해머를 쥐고 있었고 무척이나 진지해보였다.

이후 십여 분간 콘래드는 캐스크를 가볍게 두드려 연료봉을 캐스크에서 꺼내려 했지만 실패했다. 그리고 잠시 후부터는 경고를 무시하기 시작하였다.

빈 : 이봐, 될 것 같은데 조금 더 세게 쳐봐… 그것보다 세게 때려보라고… 계속해… 나온다… 조금 더 세게!!
콘래드 : 계속한다.
빈 : 힘내. 콘래드!! 해머는 만능 도구라고!
콘래드 : 너도 그렇게 생각하는구나.

몇 분 뒤, 위험한 동위원소 연료봉은 ALSEP 안쪽에 설치되어 전원을 공급하기 시작하였다. 콘래드는 보호용 캐스크를 힘으로 깨트렸지만 누구도 뭐라 하지 않았다. ALSEP에 연료가 주입되었고 작동 준비가 완료되었다. 그리고 몇 년간 아주 귀중한 데이터를 지구로 전송할 것이다.

그들의 또 다른 주요 임무는 서베이어 3호에 가서 조사하는 것이었다. 이 무인 탐사선은 크레이터의 안쪽 경사면에 3년 전부터 잠들어 있었으며, NASA의 과학자들은 서베이어 3호의 조각 몇 개를 가지고 어떻게 구워지고 얼어붙었으며 미세 운석이 어떤 영향을 주었는지 알고 싶어 했다. 그들이 콘래드가 서베이어 크레이터라고 이름 붙인 곳의 경사면에 가서 콘래드는 3개의 회전 팔에 연결된 서베이어호의 TV 카메라를 잘랐다. 힘든 일이었지만 몇 번 씩씩거리며 다채로운 말을 쏟아낸 후에 결국 성과를 이루게 되었고 이것들을 가방에 넣어 달 착륙선으로 돌아왔다. 이로부터 한 시간 뒤에 달에서 이륙했다.

그들이 사령선과 도킹을 했을 때 이 3명의 우주인은 다시 함께하게 되어 안심했으며 지구로 가기 위해 엔진을 분사하고 달 궤도에서 벗어나 입으로 가는 내내 웃으며 돌아왔다.

왼쪽 페이지 앨런 빈이 동위원소 연료봉을 달 착륙선의 캐스크에서 꺼내려 시도하고 있다. 이 캐스크는 발사 도중 폭발이 생겼을 때 강력한 방사능을 지닌 연료봉을 보호할 수 있도록 설계되었다. 그들이 달에 착륙했을 때, 연료봉이 캐스크에 달라붙었으며 오로지 콘래드의 해머로 꺼낼 수 있었다.

밀수품

피트 콘래드는 부끄럼을 타는 성격이 아니었으며, 그의 농담과 재치는 전설적이었다. 하지만 그가 아폴로 12호 임무 중 달 표면 위에서 장난을 치려고 했을 때 그의 운은 다하였다. 그는 카메라 셀프 타이머를 몰래 우주선으로 가져와 자신과 빈의 모습을 달 착륙선 가까운 곳에서 촬영하고자 하였다. 이는 NASA 카메라로는 할 수 없는 일이었다. 그들이 선외 활동을 하러 나갈 때 그는 타이머를 가방 인에 아무렇게나 던져놓았고 다시 달 착륙선으로 돌아와서 타이머를 찾으려 했지만 같은 가방에 들어가 있던 월석과 흙 사이에 다시 찾을 길이 없었다. 결국 달 표면에서 최초로 장난을 칠 수 있는 기회는 끝나버렸다.

오른쪽 성조기가 달 위에 꽂혀 있다. 이때는 우주인들이 깃봉을 더욱 더 깊이 넣을 수 있게 되어 아폴로 11호와 같이 상승단을 발사하면서 깃봉이 넘어지는 일은 없어졌다. 피트 콘래드는 깃발을 신중하게 펼쳤는데 깃발 위에 와이어가 있어 공기가 없는 달에서도 마치 펄럭이는 것처럼 보일 수 있었다.

CHAPTER
EIGHTEEN

성공적인 실패 :
아폴로 13호

진 크란츠는 아주 좋은 날을 보내고 있었다. 그는 어떤 일이 있었는지를 어떻게 일지에 남겨놓을지 결정하려 했다. 1970년 4월 11일 13시 13분에 임무의 이름이 13인 로켓을 발사하면 어떤 일이 일어날 것인가?

아폴로의 비행 감독관인 크란츠는 검은 고양이나 깨진 거울과 같은 미신을 믿지 않았으며, 그가 알고 있는 범위 안에서는 NASA의 그 누구도 미신을 믿지 않았다.

하지만 이런 미신을 믿는 일부 대중들은 이번 임무의 이름을 어떻게 바꿀지, 발사 전에 어떤 식으로 로켓에 신의 가호를 빌어야 할지에 대해 충고의 내용이 담긴 편지를 보내기도 했지만 무시했다. 그때까지 그는 일지에 어떻게 기록할지 확신하지 못하고 있었다. 4월 13일, 55시간 동안 일상적인 임무를 수행하고 있는 중, 사령선에서 뭔가 폭발하는 소리를 들었을 때 지옥의 문이 열렸다.

지금은 잘 알려진 이 이야기는 아폴로 10호에서부터 시작된다. 사령선 뒤쪽에 연료와 생명 유지 장치가 있는 커다란 실린더인 기계선 안에 위치한 커다란 산소 탱크가 수정을 위해 선체에서 분리된 후 더 이상의 시험 없이 아폴로 13호에 설치하여 비행을 준비했다. 그 산소 탱크는 마치 시한폭탄과 같은 것이었다.

아폴로 우주선의 산소 탱크는 액화 산소를 담고 있고 고도로 밀봉되어 있었다. 극저온의 산소는 슬러시와 같은 상태가 되기 때문에 여기에 히터와 팬을 장착하여 사령선 조종사가 때때로 이를 잘 "저어서" 얼어있는 연료가 잘 흐를 수 있도록 해야 했다.

이 시스템을 처음 만들었을 때 NASA의 규격대로 28V에서 작동하도록 제작되었지만 이후에 65V로 업그레이드되었다. 하지만 어떤 이유에서인지 이 탱크에는 이것이 적용되지 않았다. 몇 달 전, 기술자들은 탱크 안쪽에 있는 액체 산소를 증발시키기 위해 히터를 작동시켰고 이때 온도 조절 장치에 합선이 발생했으며 이로 인해 일부 전선의 피복이 녹아 내렸다.

위 아폴로 13호 임무 휘장에는 태양의 신 아폴로의 전차를 3마리의 종마가 우주로 끌고 가는 모습이 그려져 있다. 라틴어 문장 의미는 다음과 같다. : "달로부터, 과학으로."

왼쪽 아폴로 13호를 발사하기 직전 저녁. 로켓 최상단에 있는 서비스 모듈에 장착된 산소 탱크에 재난이 기다리고 있다는 기미는 전혀 보이지 않는다.

우주 위원회 상원의원

짐 로벨이 상원 우주 위원회에서 증언하기 전, 그는 각자 여러 생각을 가지고 있는 의원들을 대상으로 연설하였다. 일부 의원들은 아폴로가 최대한 지연 없이 비행을 계속해야 한다고 생각하였고, 다른 의원들은 NASA는 이미 할 만큼 했으며 달 탐험을 중단해야 한다고 여겼다. 하지만 모두가 우주비행사들이 무사히 귀환한 것을 반가워했다. 이 회의는 승무원 및 통제실 요원 전체가 대통령이 주는 자유의 메달을 수여 받은 1주일 뒤에 개최되었다.

오른쪽 아폴로 13호 선장 짐 로벨(Jim Lovell)이 상원 우주 위원회 특별 세션에서 그의 임무와 관련된 재판에 대해 증언하고 있다. 그의 뒤에 있는 사람은 당시 NASA의 국장이었던 톰 페인(Tom Paine)이다.

그래서 그 운명적인 55시간째, 휴스턴은 "얼음을 저으라."는 명령을 내렸고 전선에 스파크가 발생하면서 탱크 전체가 폭발하며 기계선의 한쪽이 날아갔다. 3시간 뒤, 아폴로 13호에는 연결되어 있던 달 착륙선을 제외하고는 산소가 남아 있지 않았다. 만약에 이런 일이 아폴로 8호에서 발생하였더라면 달 착륙선이 없었던 아폴로 8호 승무원들은 전부 사망하였을 것이다.

선장 제임스 로벨, 사령선 조종사 잭 스위가르트(Jack Swigert) 그리고 달 착륙선 조종사 프레드 하이즈(Fred Haise)는 남은 여정 동안 착륙선을 구명정으로 사용하기 위해 재빨리 달 착륙선으로 옮겨 탔다.

그들은 달을 돈 다음, 달 착륙선의 하강 엔진을 이용해 경로를 수정하여(이런 용도로 설계한 엔진이 아니다.) 달 궤도 대신 자동 귀환 궤도로 진입하여

달을 돌아 집으로 돌아왔다.

남은 문제들은 무척 성가신 것들이었다. 가장 큰 문제는 물이 없다는 것이었다. 아폴로의 모든 시스템은 물로 냉각하며 달 착륙선만 특별히 글리콜을 냉매로 사용한다. 냉매가 뜨거운 전자 장비를 식힌 뒤 물로 냉각한 다음, 물이 우주로 배출되어 증발하는 식으로 열을 전달하였다.

아래 위기 순간의 통제실 내부 모습. 큰 화면 안에 몹시 흥분해 있는 프레드 하이즈의 모습이 보인다.

오른쪽 페이지 아폴로 13호 승무원들이 시험장에 있는 달 착륙선에서 일하고 있다. 할 수 있는 한, 달 표면과 가장 가깝게 꾸민 것이다.

> 음. 아주 오랜 기간 동안 이번이
> 마지막 달 탐험이 될까 봐 두려웠습니다.
>
> — 짐 로벨(Jim Lovell), 폭발 이후의 시간
>   (hours after the explosion)

휴스턴, 문제가 생겼다.

아래 아폴로 13호의 승무원이 우주선 산소 탱크에 이상이 생겼음을 보고 한 지 1시간 뒤의 모습.
여러 통신팀 인원이 통제실에 모여있다.

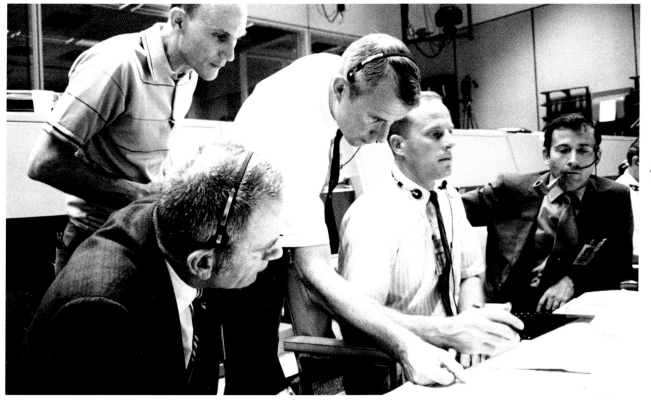

물이 없어지면 우주선이 과열되어 기능이 마비되기 때문에 물을 보존하는 것이 매우 중요했다. 다음 문제는 공기였다. 아폴로 우주선의 내부에는 순수한 산소가 공급되는데 달 착륙선에 있는 것만으로는 충분하지 않았다. 또한 이산화탄소량이 우주선 내에서 증가하는 것을 막지 않으면 우주인들은 질식사하게 된다. 달 착륙선의 생명 유지 장치에는 이산화탄소를 모아 중화시키는 CO_2 스크러버(scrubber)라는 장치가 2개 설치되어 있었는데 사령선과 같이, 이를 작동시키기 위해서는 필터가 필요했다. 하지만 불행하게도 사령선의 CO_2 스크러버는 사각형의 하우징을 사용하도록 설계되어 있었고 달 착륙선에는 이보다 작고 둥근 형태의 스크러버를 사용했다. 잘 작동하도록 설계되어 있지만 비상 상황에서는 생명을 위협할 수 있는 부분이었다. 지상팀은 재빠르게 연구하여 비행 계획서의 커버, 비닐봉지 몇 개, 양말과 덕테이프를 이용해 사각형의 필터를 달 착륙선의 둥근 구멍에서 사용할 수 있는 임시변통의 해결 방법을 제안하였다. 여기에 "우체통"이라는 이름을 붙였으며 운 좋게도 잘 작동하였다.

하지만 곧, 유도에 관한 문제가 닥쳤다. 무섭게 빠른 속도로 움직이는 아폴로 우주선이 정확한 각도로 지구 대기권에 들어오기 위해서는 우주선을 올바른 위치로 이끌 정밀한 항법이 필요했다. 아폴로 사령선은 대기에 잠시 들어와 공기 밀도가 높은 부분을 피해 속도를 늦춘 뒤, 다시 대기권으로 들어오게 된다. 하지만 아폴로 13호는 그 경로에 놓여있지 않았다. 그래서 달 착륙선의 하강 엔진을 다시 한번 가동하여 경로를 수정하였다.

우주 항법은 상황이 좋을 때도 쉽지 않은 일이지만 아폴로 13호는 유도할 컴퓨터도 없는 상태였다. 지상과 상의한 뒤, 또다시 즉흥적으로 로벨은 항법용 망원경을 이용하여 망원경의 십자선에 지구의 가장자리를 겨누었다. 이는 아무리 잘한다 해도 부정확할 수밖에 없었으며, 별을 이용하는 게 정상적인 방법이지만 폭발로 인한 잔해물들이 우주선 주변에 너무 많아 별을 이용할 수 없었다. 하지만 통제실은 이 정도면 괜찮다고 답했다.

재진입 바로 직전, 기계선을 떼어내자 우주인들은 충격에 휩싸였다.

로벨: 우주선의 한쪽이 완전히 날아갔어.
캡콤: 그게 정말이야?
로벨: 저기 봐봐, 고성능 안테나 오른쪽으로 패널 한쪽이 엔진이 있는 곳부터 폭발로 뜯겨나갔어.

운 좋게도, 폭발이나 우주의 추위로 인해 히트 쉴드나 낙하산을 작동시키는 불꽃 점화 장치에는 손상이 없었으며, 그로부터 1시간 안에 아폴로 13호는 태평양에 착수하였고, 기다리고 있던 해군에 의해 구조되었다.

이것이 그들에게는 마지막 우주 비행이었다. 로벨은 새로운 일을 시작하였고, 스위가르트는 콜로라도주의 하원의원으로 당선되었으나 일을 시작하기 전에 암으로 사망하였다. 하이즈만 NASA에 남아 우주 왕복선의 착륙 시험에 다수 참가한 뒤, 우주 왕복선을 실제로 발사하기 전에 NASA를 떠났다.

아폴로 13호의 착륙 예정지는 다음 비행인 아폴로 14호로 넘겨졌다.

맨 위 "우체통"의 모습. 사령선의 리튬 수산화물통, 마분지, 비닐봉지, 양말 그리고 덕테이프로 만들었다.

위 우주에서 죽음에 직면한 뒤, 아폴로 13호 사령선은 1970년 4월 17일에 귀환하였다. 재진입 시 블랙아웃 시간은 평소보다 길어서 통제실 직원들이 걱정을 많이 하였다. 하지만 곧, 구조 헬기가 우주인들을 구출하여 뜨거운 샤워, 깨끗한 옷, 따뜻한 음식이 있는 곳으로 데려갔다.

오른쪽 페이지 맨 위 재진입 바로 직전에 분리한 기계선의 모습. 승무원들은 눈앞에 펼쳐진 광경에 경악하였다. – 결함이 있는 산소통의 폭발로 인해 기계선의 커다란 패널이 날아가고 없었기 때문이다.

영화 아폴로 13호

1995년에 제작한 영화 아폴로 13호는 NASA의 비행을 가장 잘 이야기하고 있지만 수일에 걸친 우주 비행을 2시간짜리 영화로 압축하기 위해서는 극적인 요소가 필요했다. 두어 개 예를 들자면 다음과 같다.

• 진 크란츠는 "실패는 있을 수 없는 일이다!(Failure is not an option!)"라고 말한 적이 없다. 이것은 영화 각본가가 만든 것이다.

• 재진입 단계에서 승무원과의 교신이 이루어졌을 때 기술자들이 환호성을 지르지 않았고 무사히 착수했음이 확인될 때까지 기다렸다. 그럼에도 불구하고 이 영화는 승무원과 아폴로 13호 임무에 대한 웅대한 찬사이며, 아폴로에 관심있는 사람이라면 꼭 봐야 할 영화다.

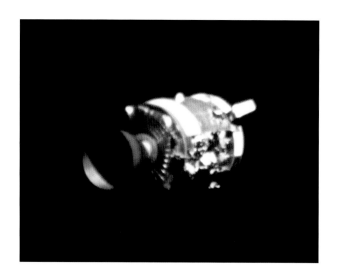

아래 영화의 한 장면. 아폴로 13호의 승무원들이 우주의 구명정이라 할 수 있는 달 착륙선 아쿠아리스에서 차가운 공허감을 견뎌내고 있다. 빌 팍스톤(Bill Paxton)이 프레드 헤이즈, 케빈 베이컨(Kevin Bacon)이 잭 스위가르트 그리고 톰 행크스(Tom Hanks)가 짐 로벨 역을 맡았다.

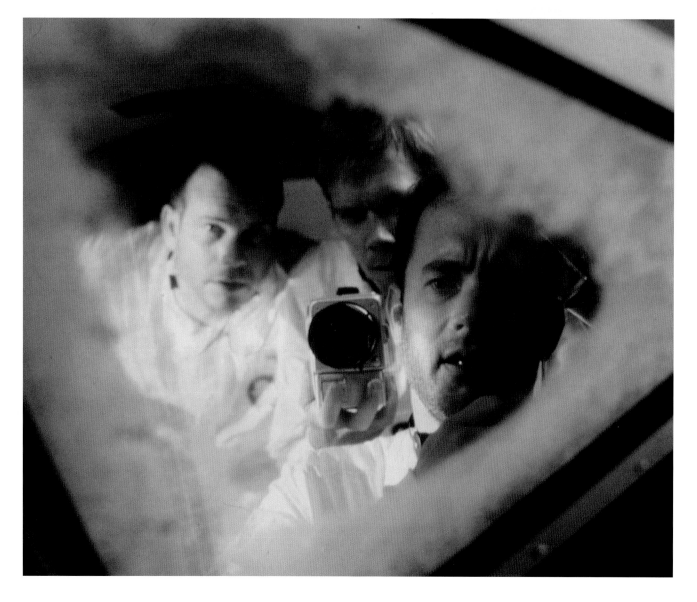

위 통제실에서 아폴로 13호의 귀환을 축하하고 있는 모습. 왼쪽에서 2번째로 서서 박수치는 사람이 진 크란츠이며, 그의 상징인 조끼를 입고 있다.

왼쪽 무사히 귀환한 아폴로 13호 승무원들이 태평양에서 구조된 뒤, USS 이오지마호에 탑승하고 있다. 헬기에서 내리고 몇 분 뒤, 이 함선의 함장을 만나 무사 귀환에 대한 감사 인사를 듣게 된다.

아폴로 13호 비행 감독관 일지

아폴로 13호 비행 감독관 일지에서 발췌. 이 문서에는 놀라울 정도로 침착하면서도 아무런 감정 없이 끔찍한 임무의 핵심 부분이 기술되어 있다. 대부분은 진 크란츠가 손에 들고 있었지만 다른 비행 감독관인 밀턴 윈들러(Milton Windler), 게리 그리핀(Gerry Griffin) 그리고 그린 러니(Glynn Lunney) 또한 그들이 근무하는 동안 내용을 작성하였다.

아폴로 13호로 보낸 전보

전 미국 부통령인 휴버트 험프리(Hubert Humphrey)가 아폴로 13호 임무가 끝날 무렵 보낸
칭찬하는 내용이 담긴 전보.

```
HOX163RDA089
PTTUZYUW RUWJEOA3032 QPRQUQTAUUUU--RUWTDRA.
ZNR UUUUU
P 141709Z APR 70
FM MARTIN MARIETTA CORP DENVER CO
TO OFFICE OF THE DIRECTOR NASA MSC HOUSTON TX
BT
UNCLAS ATTN DR. CHRISTOPHER C. KRAFT, JR. DEPUTY DIRECTOR
I UNDERSTAND AND SHARE YOUR IMMEDIATE CONCERN WITH
APOLLO 13.  IF OUR RESOURCES CAN BE OF ANY POSSIBLE
USE TO YOU IN ANY MANNER WHATEVER, PLEASE DON T
HESITATE TO LET ME KNOW.  THEY WILL BE IMMEDIATELY
AVAILABLE TO YOU.
SIGNED "K" HURTT VICE PRESIDENT MANNED SPACE SYSTEMS
BT
#3032
```

크리스 크래프트에게 보낸 전보

마틴 마리에타사(Martin Marietta Corporation, 미사일, 무인 우주선 등을 생산하던 회사, 후에 록히드사와 합병하여 F-35
전투기로 유명한 록히드 마틴사가 된다. 역자주)의 부사장이 휴스턴 통제실에 있던 크리스 크래프트에게 보낸 전보. 어떤 도움
이라도 줄 수 있다는 내용이 담겨 있다. 이런 내용의 전보가 수십 통 전달되었다.

```
HOX871TWUC114  CST APR QU UP NSB434 NS

WA066 BP PDF WASHINGTON DC 17 257P ST

DR CHRISTOPHER KRAFT

  ASTONAUTAFFAIRS OFFICE NASA MAN SPACECRAFT CENTER HOU

THERE IS NO GREATER TRIUMPH THAN ONE WHICH IS ACHIEVED OVER

ADVERSITY. WPOLLO 13 AND THE BRAVE MEN WHO BROUGHT HER HOME

HAVE PROVED TO TTHE WORLD THAT MAN THROUGH HIS OWN RESOURCESFULNESS

CAN CONQUOR THE HAZARDS OF SPACE TRAVEL. THIS IS A GREAT ACHIEVEMENT

IN THE ANNALS OF SPACE HISTORY AND YOUR COURGE WILL BE LONG

REMEMBERED. OUR PRAYERS HAVE BEEN WITH YOU CONSTANTLY AND WE

ARE VERY GRATEFUL FOR YOUR MAGNIFICENT VICTORY

  HUBERT H HUMPHREY.
```

CHAPTER
NINETEEN

셰퍼드가
돌아왔다

앨런 셰퍼드, 미국 최초의 우주인이자 머큐리 우주비행사의 원조격이라 할 수 있는 인물인 그는 단지 1961년에 탄도 비행을 통한 총 15분의 우주 비행 시간을 가지고 있었다.

그 이후 그는 귀 안쪽에 희귀한 병이 생겨 비행이 금지되었고 괴팍한 선임 우주비행사가 되었다. 하지만 실험적인 수술을 성공적으로 받아 비행이 가능한 상태로 3번째 달 착륙을 지휘하는 임무를 부여 받았다. 그는 존 영과 진 서년과 같은 훌륭한 우주비행사를 뛰어넘었다. 1970년에는 수많은 우주인들이 아폴로 우주선에 탈 순서를 기다리고 있었는데 이번 인사는 다들 이해할 수 없었다. 그러나 미국은 아폴로 13호의 실패 이후의 달 탐험을 위해서는 영웅적인 인물을 선장으로 임명할 필요가 있었다. 그러므로 제일 첫 번째이고 틀림없으며, 가장 훌륭한 사람을 선택하게 되었다.

1971년 1월 31일, 아폴로 14호는 달로 향했다. 선장은 앨런 셰퍼드(Alan Shepard), 사령선 조종사는 에드거 미첼(Ed Mitchell), 달 착륙선 조종사는 스튜어트 루사(Stuart Roosa)였다. 미첼과 루사는 완전히 우주 초보였으며 셰퍼드는 앞서 언급했듯이 15분간의 우주 비행 경험이 있을 뿐이었다. 이는 아폴로 비행 중에서 가장 숙련되지 않은 인원 구성이었지만, 셰퍼드는 긴급한 상황을 이해하고 있었고 아폴로 프로그램은 진행되고 있었다.

위 아폴로 14호 휘장은 우주인을 상징하는 핀에 새겨진 로고가 달을 향하고 있는 것을 나타내고 있다. 새턴 V와 비슷한 모습이다.

아래 아폴로 14호 승무원의 모습. 왼쪽에서부터 사령선 조종사 스튜어트 루사. 선장 앨런 셰퍼드 그리고 달 착륙선 조종사 에드거 미첼이다. 셰퍼드만 유일하게 우주 비행 경력이 있었지만 이마저도 1961년에 세운 15분의 기록이 전부였다.

콘(CONE) 크레이터는 어디에?

콘 크레이터를 찾는 것은 정말 짜증나는 일이었다. 셰퍼드와 미첼은 이것을 무척이나 찾고 싶어 했다. 이는 인류 최초로 커다란 달 크레이터를 가까이에서 보는 것이 되기 때문이다. 그들이 거칠고 돌이 많은 표면 위에서 MET(Modularized Equipment Transporter : 모듈화된 장비 운송 장치, 장비를 옮길 수 있는 일종의 손수레. 역자주)를 끌고 가느라 고생했지만 콘은 여전히 찾을 수 없었다. 셰퍼드와 미첼은 돌아가면서 MET를 끌고 끌지 않는 사람이 지도를 확인하였지만 아무 소용이 없었다. 휴스턴 뒷방에 있던 지질학자들이 도움을 주려 했지만 도움이 되지 않았다. 우주인들은 크레이터의 가장자리를 찾을 수 없었다. 나중이 그들이 귀환한 뒤, 데이터를 삼각 측량한 결과 놀라운 사실이 드러났다. 사실 그들은 콘 크레이터의 가장자리에서 18~21m 떨어진 지점까지 위치했던 것이다. 이로 인해 다음 번 임무에서는 더욱 향상된 항법 기능이 있어야 한다는 것이 명확해졌고 월면차에 장착되었다.

오른쪽 콘 크레이터 경로 지도. 우주인들이 위치를 파악하는데 있어서 문제가 되는 것은 지도였다. 이는 궤도에서 촬영하며 만들었기 때문에 지상에서 보면 거의 쓸모가 없었다.

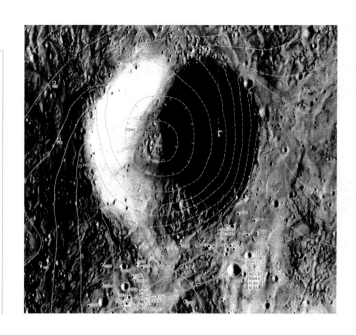

아폴로 13호 사고 이후에 진행된 공식 조사 이후, 케네디 대통령이 도전한 아폴로 프로그램을 계속 진행해야 할지 논의가 일어났다. 아폴로 14호의 비행은 아폴로 프로그램에 대한 반대 여론을 잠재우기에 충분하였고 앨런 셰퍼드는 이 목표에 도달하기에 가장 적합한 우주비행사였다.

그때까지 그들은 아폴로 13호가 내릴 예정이었던 프라마우로(Fra Mauro) 평원 지대에 착륙 예정이었고 셰퍼드는 시뮬레이션을 통해 최대한 준비를 완료하였다. 이것은 안전보다 지질학이 더 우선하는 최초의 임무였다. 프라마우로 지역에는 483km 떨어진 곳에 있는 거대한 크레이터인 코페르니쿠스 크레이터에서 날아온 물질과 다른 분지에서 발생한 찾고자 하는 돌들이 포함되어 있었다. 지질학자들은 비의 바다에서 달이 언제 생성되었는지 집중해서 알아보려 했다. 충돌로 인해 오래되고 깊은 곳에 있었던 월석의 샘플이 그 주변에 있으리라 생각하였다.

셰퍼드와 미첼이 하강을 준비할 때까지 비행은 원활했다. 달 착륙선과의 힘든 도킹을 제외하면 말이다. 하강을 시작하기 바로 직전, 달 착륙선 컴퓨터는 잘못된 중단 신호를 보내고 있었다. 만약 착륙하는 동안에 이런 현상이 발생한다면 달 착륙선은 자동으로 착륙을 포기하고 하강단을 분리한 뒤, 궤도로 다시 돌아오게 된다. 이것은 매우 위험한 상황이며 죽음에 이를 수 있는 것이다. MIT의 기술자들은 미첼이 유도 컴퓨터에 입력한 내용을 대체할 수 있는 명령을 작성하여 중단 신호가 발생했을 경우 이를 무시하도록 하였고 결국 착륙 준비를 마치게 되었다.

셰퍼드는 우주에서 머물렀던 시간이 짧았음에도 불구하고 아폴로 사상 두 번째로 착륙 예정지에 정확히 착륙하여 목표 지점에서 불과 27m 떨어진 곳에 내렸고 잠시 후 2명의 우주인은 그들의 첫 선외 활동을 진행하였다. 첫 번째 여정에서 그들은 이미 여러 번 언급했던 ALSEP을 설치하고 표본을 수집하는데 집중하였다. 잠시 휴식을 취한 뒤, 콘 크레이터를 찾아 나서는 두 번째 여정에 올랐다.

너비 304m의 콘 크레이터는 착륙 지점 일대에서 큰 지리학적 특성을 가지고 있어 지구에 있는 지질학팀은 이곳을 목표로 삼기를 바라고 있었다. 20세기 초반에 극지로 떠나던 탐험가처럼 그들은 각종 공구와 표본을 MET(Modularized Equipment Transporter : 모듈화된 장비 운송 장치)에 실어 끌고 갔다. 엄청난 압박감을 느끼며 콘 크레이터를 찾는 그들은 시간에 쫓기고 있었다. 지도를 가지고 있었지만 궤도상에서 촬영한 사진으로 만든 지도라 지상에서 보기에는 전혀 도움이 되지 않았다. 이 크레이터를 찾고 또 찾아보

앨런 셰퍼드가 골프를 치다.

앉지만 찾을 수 없었다. 그들이 거의 다 왔다고 생각했을 때 또 다른 언덕이 나타났으며 그 너머에 있는 또 다른 산마루를 보며 실망하게 되었고 많이 지치기도 했다. 셰퍼드는 선장으로서, 착륙선으로 돌아가고 싶었지만 미첼은 계속 전진하고 싶어 했기 때문에 휴스턴이 여기에 개입하게 되었다. 셰퍼드는 이 크레이터를 계속 찾는 것이 콘 크레이터 내부에서 나온 것이 분명한 바위를 찾아 수집하는 시간을 잃는 것과 그와 미첼이 과로하는 것에 비해 가치가 없다는 것을 직감적으로 알 수 있었다. 따라서 결국에 그들은 그들이 거쳐온 경로를 따라 시료를 채취하여 MET에 가득 실은 채로 끌면서 달 착륙선으로 돌아왔다.

마지막 남은 중요한 일은 앨런 셰퍼드의 대표적인 이벤트였다. 전 세계가 TV로 지켜보는 앞에서 우주복에서 골프채 헤드를 꺼내 샘플 채집용 막대에 장착하고 골프공을 달 표면에 떨어뜨렸다. 아폴로 우주복은 움직이기가 불편해 첫 2번의 시도에서는 공 대신 먼지를 쳤지만, 세 번째 시도에서 성공하여 공은 중력이 지구의 1/6인 곳에서 멀리 날아갔다. "멀리 그리고 멀리 그리고 또 멀리..." 셰퍼드가 외쳤다. 그리고 그의 장난에 만족하였다. 참고로 공은 똑바로 날아가지 않았으며 나중에 살펴본바, 당시 비거리는 183~366m였다. 셰퍼드에게 있어서 달에서의 골프는 절대 잊을 수 없을 것이다.

아래 1971년 1월 31일에 아폴로 14호가 발사되는 모습.

백업 승무원 관련 농담

아폴로 14호의 백업 승무원들은 유머 감각을 지니고 있었다. 백업 팀의 선장인 진 서넌(Gene Cernan)은 워너 브라더스사(Warner Bros)의 만화 영화 캐릭터인 로드러너(Roadrunner)와 와일리 코요테(Wile E Coyote)를 마스코트로 정했지만 화를 잘 내는 성격인 셰퍼드에게는 이 모든 것이 짜증났다. 하지만 서넌은 이를 좋아했다. 서넌은 백업 승무원 패치를 한 묶음 가지고 있어 아폴로 14호 발사 전, 우주선 여기저기에 수십 개의 패치를 숨겨놓았다. 아마도 셰퍼드가 상지니 보관함을 열 때마나 "빕, 빕(만화 영화에서 로드러너가 내는 소리, 역자주)" 패치가 떨어졌을 것이다. 셰퍼드는 결국, 선외 활동 중에 이 장난에 대해 "꺼져라, 빕"이라고 소리쳤다. 다들 어쩔 줄 몰라 했지만 진 서넌은 이에 만족해했으며 사랑했다.

왼쪽 페이지 아폴로 14호 달착륙선 안타레스(안타레스는 전갈자리에서 가장 밝은 별의 이름이며 눈에 띄는 붉은색을 띠고 있다., 역자주)의 모습. 셰퍼드는 목적지에 정확히 착륙하였지만 착륙 지점이 조금 경사져 있어 달 착륙선이 넘어질까봐 2명의 우주인은 쉽게 잠들지 못했다.

위 MET이 남긴 자국. 바퀴에 눌린 달 먼지가 고도가 낮은 태양에 의해 빛나고 있다.

오른쪽 서넌은 B팀을 위해 제작한 유머러스한 패치를 가지고 있었다.

CHAPTER
TWENTY

월 면 차

NASA는 1960년부터 달 표면에서 타고 이동할 수 있는 운송수단에 관한 많은 아이디어를 고민해 왔다. 그중 1개의 결과가 벤딕스사(Bendix Corporation)의 프로토타입으로써 무게와 크기의 제한 사항이 결정되기 전에 설계한 것이었으며, 월면차보다는 장갑차 같은 모양을 하고 있었다.

이 콘셉은 여러 번 수정되었지만, 결과적으로 막다른 곳에 이르게 되었다. 또한 1인용 달 비행기, 달 점퍼 그리고 벌레처럼 움직이는 이상한 모양의 차량 등 여러 가지 설계가 존재했었다. 이때 그루먼 디자인(Grumman designs)이 등장해 달 착륙선의 부품을 활용하는 아이디어를 냈고 보다 현실적이었지만 달 착륙 임무 초기에 NASA가 활용할 수 있는 것과는 거리가 멀었다.

결국, LRV(Lunar Roving Vehicle) 혹은 간단히 월면차라는 명칭이 붙은 최초로 달에서 사용할 차량을 만드는 경쟁에서 보잉(Boeing)이 승리하였다. 민간용 항공기를 제작하는 보잉은 18개월 이내에 월면차를 설계 및 제작해야 했다. 정부와의 계약을 수행하는 부분의 회사와는 다르게 그들은 이 과업을 멋지게 수행하였다.

월면차는 공학 기술이 집약된 걸작이었다. 2명의 우주비행사가 커다란 우주복을 입고 배낭을 멘 채로 탑승하며 수백 킬로그램 무게의 유도 시스템과 구동 시스템을 가지고 암석과 공구를 나를 수 있는 신뢰할만한 교통수단이었다. 아폴로 시스템에 탑재할 수 있을 정도로 가벼워야 했고(달 착륙선의 무게 제한을 떠올려 보시길) 달 착륙선의 하강단 안쪽에 수납할 수 있을 정도로 작아야 했으며, 이를 운전하는 우주인이 오갈 수 없게 되는 일이 없도록 튼튼해야 했다. 게다가 작고 거칠며 어디에나 있는 달 먼지로 뒤덮여 있는 거친 환경에서 작동되어야 했고 이동을 위해 접는 것이 가능해야 했다.

아래 벤딕스사의 거대한 월면차. 프로토타입을 만들어 시험했지만 최종 제품과 유사한 면을 찾기 어렵다. 이 오리지널 시험용 차량은 미국 켄사스주 허친슨에 있는 창고에 보관되어 있다.

월면 트럭

미래의 달 탐험을 위해 4바퀴 차량보다는 6바퀴 차량이 더 좋다는 판
가름이 났다. 새로운 형태의 월면 차량은 이것이 사실임을 증명한다.
대부분은 프로토타입 차량은 2020년에 달에 다시 돌아갈 때 사용하
기 위해 연구 중이며 최소한 6개 혹은 그 이상의 바퀴를 가지고 있다.
이 새로운, 어떤 지형에서도 사용이 가능한 차량은 이동 거리가 늘어
났으며 등판 능력이 향상되었고, 때로는 주거 공간을 옮길 수 있다.
이 샘플 차량의 경우 최대의 조종 성능과 견인력을 발휘하기 위해 각
각의 바퀴가 독립적으로 구동 및 조향이 가능하다. 또한 넓은 시야를
위해 조종석은 360도 회전이 가능하다.

오른쪽 새로운 월면차 개발을 위한 NASA의 설계 연구용 차량 중 하나의 모습.
이 차량은 독립적으로 구동 및 조향이 가능한 바퀴가 장착되어 있음은 물론,
상당한 양의 화물을 운반할 수 있다.

트레버스 항법

이전에 달로 갔던 우주비행사가 알아냈지만, 달 표면에서 어딘가를 찾아가는 것은 어려움이 많았다. 나무, 집 심지어 얇은 안개조차 없이 달에서 거리를 추측하는 것은 거의 불가능했다.

월면차에 장착된 작은 컴퓨터는 달 착륙 지점에서 가동을 시작하고 자이로스코프와 가속 측정을 이용하여 달 착륙선으로부터의 거리와 방향을 추적한다. 이 컴퓨터는 운전자에게 달 착륙선이 있는 방향과 얼마나 떨어져 있는지를 알려준다.

아폴로 임무가 점점 복잡해지고 더 거친 지형에 착륙하게 되면서 이것이 매우 중요해졌다. 대부분의 경우에 승무원들은 달 착륙선이 보이는 범위를 벗어났지만, 보잉이 제작한 월면차는 항상 집으로 돌아왔다.

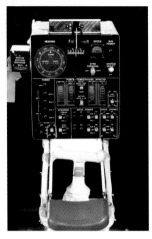

위 월면차의 제어 장치. 관성 유도 시스템 설계를 통해 월면차는 원래 출발했던 지점으로부터 수십 미터 이내로 돌아올 수 있었다. 월면차는 사진 중앙부 아래쪽에 있는 T자형 핸들로 조종하며 조작법이 매우 간단했다.

왼쪽 페이지 아폴로 17호 승무원들이 새턴 V에 실린 아폴로 17호 앞에 있는 월면차 목업 앞에서 포즈를 취하고 있다. 왼쪽부터 달 착륙선 조종사 해리슨 잭 슈미트(Harrison Jack Schmitt), 앉아있는 사람은 사령선 조종사 로널드 에반스(Ron Evans), 선장 진 서넌(Gene Cernan)이다.

아래 1971년. 다음에 달 위를 걸을 우주인들이 월면차 목업 앞에서 포즈를 취하고 있다. 왼쪽부터 존 영, 진 서넌, 찰리 듀크, 프레드 하이즈 그리고 앤서니 잉글랜드이다. 하이즈와 잉글랜드는 달에 가지 못했지만 나중에 우주 왕복선을 타게 된다.

위 오른쪽 미래의 임무를 위한 또 다른 설계, GM에서 만든 이 프로토타입 차량은 여러 명의 우주인이 오랜 기간 머물 수 있으며 주행 거리가 엄청나게 늘어났다. 이 차량은 위탁받아 제작되었다.

마지막 디자인은 공간과 무게의 제한 사항을 만족시켰다. 지구에서의 무게는 1,225kg에 불과하였고 달에서는 210kg이었으며 추가로 달 기준으로 490kg, 지구 기준으로 2,939kg의 사람과 화물을 운반할 수 있었다.

월면차는 30cm 높이의 바위를 지날 수 있었고, 거의 1m 넓이의 틈이나 크레바스를 지날 수 있었으며 28도 경사각을 올라갈 수 있었다. 배터리는 약 78시간 작동되었고 총 주행 가능 거리는 용도에 따라 100km에 이르렀다. 그러나 NASA는 월면차에 이상이 생겼을 때 우주인들이 걸어서 돌아올 수 있어야 한다고 판단하여 착륙 지점에서 10km 밖으로는 나가지 못하게 하였다.

눈으로 보면서 혹은 위성이 촬영한 지도를 이용한 항법은 어렵기 때문에 제작사에서는 월면차에 내장형 유도 시스템을 장착하여 출발 지점으로부터의 위치를 파악할 수 있도록 했으며 실제로 상당히 정확하였다.

월면차에는 TV 카메라도 장착되었으며 원격 조작이 가능했다(통제실에서도 조작할 수 있었다). 조절이 가능한 안테나를 통해 지구와의 교신을 유지할 수 있었고 16mm 영화 카메라와 지질학적 탐사를 위한 공구와 가방도 탑재하였다.

그물망으로 만든 바퀴는 각각의 독립적인 전기모터로 구동하였고 조종석에 있는 T자형 핸들을 이용해 조작하게 되어 있었으며 우주비행사들은 월면차의 운전이 아주 쉽다는 것을 알게 되었다. 월면차에 약점은 펜더였다. 펜더는 유리섬유로 만들어 부서지거나 깨지기 쉬웠고 바퀴에 딸려 올라온 잘 달라붙는 성질을 가진 달 먼지를 우주인들에게 뿌려댔다. 그 누구도 달 탐사가 쉽거나 깨끗하다고 말할 수 없었다.

아폴로 15호 임무에서 처음으로 사용된 월면차로 인해 10배나 늘어난 과학적 성과를 거둘 수 있었고 결국 나중에 아폴로 계획이 취소될 때도 월면차 개발은 미래의 달 임무를 위해 계속 진행되었다.

CHAPTER
TWENTY–
ONE

창 세 기 의 돌

제임스 어윈 그리고 데이브 스캇은 아폴로 15호 임무 중 두 번째 선외 활동에서 표본을 수집하기 위해 멈춰 섰다. 아폴로 15호는 1971년 7월 26일에 발사되었으며 모든 것이 원활했고 놀라울 것이 없었다.

그들이 바위를 굴렸을 때 그들은 찾고자 한 것을 발견할 수 있었다. 오염되지 않은 하얗고 아름다운 돌이 수집되기를 기다리고 있었고 제임스 어윈은 이를 감사히 여겼다. 여기에 감명받은 그는 지구로 돌아온 뒤, NASA를 떠나 개신교 목사가 된다.

아폴로 15호는 발사 전부터 새로운 기록을 세우게 되었다. 선장 데이브 스캇(Dave Scott), 달 착륙선 조종사 제임스 어윈(James Irwin), 그리고 사령선 조종사 알 워든(Al Worden)이 탑승한 아폴로 15호는 최초의 "J" 임무였다. J는 더 심도 깊은 탐사를 위해 만들어졌다. 달 착륙선의 기능이 향상되어 새로운 궤도를 위해 더 많은 연료를 실을 수 있었고, 우주인들이 머물 수 있는 시간이 늘어났다. 우주인들은 더 좋아진 우주복을 입었고 즐길 수 있는 시간이 조금 늘어났다(달 임무에서 하는 일 중에 즐길 수 있는 게 있다면 말이다). 기존에는 선외 활동을 2번 했지만 이번에는 3번 진행되었다. 거기에 새로운 월면차를 활용하게 되었다는 점이 가장 중요하다.

업그레이드된 달 착륙선과 월면차는 많은 부분이 개선되었다. 달 착륙선은 3일 이상 사용할 수 있었고, 월면차는 총 100km를 주행할 수 있었다. 월면차가 있어서 선외 활동 시, 수 에이커에 이르는 지역의 다양한 지형을 자동차로 여행할 수 있었다. 월면차는 모든 것을 바꿔놓았다.

이제 두 번째 선외 활동에서 제임스 어윈과 데이브 스캇은 달의 아페닌 산맥(Apennine Mountains)에 있는 하들리 델타(Hadley Delta) 지역에서의 조사 활동을 확장하고 있었다. 그들은 모두 합해서 66시간 동안 선외 활동을 하였고, 77kg의 암석과 표본을 채취하였다.

스퍼 크레이터(Spur Crater)에서 예정대로 15분간 머무르며 두 우주인은 해당 지역을 눈으로 빠르게 관찰하기 시작하였고, 어윈이 일반적인 화산암 위에서 반짝이고 있는 레몬 크기의 돌을 발견하자 어떤 느낌을 받게 되어 걱정 가득한 목소리로 휴스턴에 보고하였다. "우리가 찾고자 하는 것을 찾은 것 같다."

이것은 사장암 덩어리였으며 달 초창기에 생성된 달 지각의 한 조각이었다. 이전의 아폴로 착륙을 통해 수백 킬로그램의 좋은 샘플을 지구로 가져왔지만 달 초기에 형성된 것은 없었다. 이것은 달에서 처음으로 찾은 고대의 돌이었으며 스캇이 표현한 것처럼 "아름다웠다." 우주인들은 이 돌의 사진을 찍고 놓여있던 위치를 기록한 뒤 창세기의 돌이라고 이름 지은 이 돌을 조심스럽게 가방에 옮겨 지구로 가져왔다.

위 전한 바에 따르면 아폴로 15호 승무원들은 554개의 디자인을 검토 후 달 표면 위를 3마리의 새가 날고 있는 형상을 선택했다고 한다.

아래 또 다른 선외 활동을 위해 "기지"를 출발하고자 월면차를 준비하고 있다.

위 또 다른 깃발. 또 다른 경례... 미국은 비록 "모든 인류를 위해"라고 했지만 달에 대한 권리를 주장하였다.

목사(1930~1991)

제임스 어윈은 1966년에 NASA에 합류하였다. 그는 아폴로 10호와 12호의 백업 승무원이었으며 달 착륙선 조종사로 참여한 아폴로 15호가 그의 유일한 우주 비행이었다. 달에서의 경험을 통해 깊은 감명을 받아 마음 속에 새로운 사명을 품고 지구로 돌아왔다. 그는 1972년에 NASA를 떠나 그가 수장인 하이 플라이트 교회를 세웠다. 1983년 초. 그는 아라랏 산에서 노아의 방주를 찾기 시작하였고 10년간 이 탐사 작업을 진행하였다. 어윈은 1991년에 심장 질환으로 사망하였다.

아폴로 15호의 갈릴레오 실험

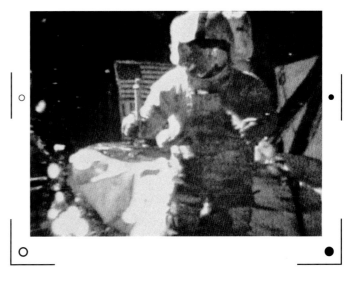

왼쪽 아폴로 15호 승무원 제임스 어윈이 달 토양에 도랑을 파고 있다. 그의 배경에는 4,572m 높이의 해들리산이 보인다. 그의 왼쪽에 보이는 장비는 "그노몬"(원래는 해시계를 의미한다.. 역자주)이라고 하며 지형의 높이와 경사를 측정하는데 사용하며 사진 촬영 시 색상 균형을 맞출 때도 사용한다.

우표 열풍

수년간 우주인들은 모두 개인적인 물품을 가지고 우주로 나갔다. 이것은 허가된 것이며 규제받지 않는 활동이었다. 아폴로 15호 승무원은 그들의 모습이 들어 있는 398개의 기념 우표를 가지고 갔으며 그들이 돌아온 뒤, 이것을 팔아서 그 일부를 자녀들의 대학교 학비로 활용하고자 했다. 하지만 가격이 로켓처럼 솟아올라 NASA는 항의에 시달렸다. 이때 하원이 개입하였기 때문에 NASA는 무언가 행동을 취해야만 했다. 세 사람 중 그 누구도 다시는 비행을 하지 못하였으며 NASA에서는 지금까지 아폴로 비행에 지참했던 모든 개인 물품들을 면밀히 조사했다.

아래 아폴로 15호의 우표 열풍에 대한 NASA의 보도자료. 우표를 공급한 욕심꾸러기 브로커에 의해 모든 노력이 폭로되었다. 결국 승무원은 징계를 받았다.

NATIONAL AERONAUTICS AND
SPACE ADMINISTRATION
Manned Spacecraft Center
Houston, Texas 77058

FOR RELEASE:

July 11, 1972

John P. Donnelly
(202/755-3828)

RELEASE NO: 72-143

RELEASED AT NASA HEADQUARTERS

APOLLO 15 STAMPS

NASA has conducted an inquiry into the question of unauthorized postal covers reported to have been carried by the crew on the Apollo 15 mission last July.

Astronauts David Scott, Alfred Worden and James Irwin have acknowledged carrying approximately 400 unauthorized postal covers on this mission, 100 of which were given by the crew to an acquaintance who is now in Germany. These are the postal covers which apparently were later sold to stamp collectors for approximately $1500 apiece.

In the course of its inquiry, NASA learned that the Apollo 15 crew had at one time agreed to provide 100 of the covers to their acquaintance in return for a "trust fund" for their children. After the covers had been given to the acquaintance, however, they realized--on their own--that this was improper and they declined either to accept the "trust fund" or an alternative offer of stamps in exchange for the 100 postal covers.

NASA has authorized astronauts, within established procedures, to carry personal souvenir type items, including some postal covers, on Apollo 15 and other manned space flights, subject to the condition that these articles would be retained

- more -

하지만 임무 전체적으로 쉬웠던 것은 아니다. 지질 관련 시료 채취용 도구에 새로운 드릴 키트가 추가되었는데 이는 데이브 스캇의 임무에 큰 타격을 주었다. 그는 힘이 장사였음에도 불구하고 실험을 위해 지표면에 구멍을 내려 할 때마다 코어 샘플 튜브가 조금 내려갔다가 바로 붙어버렸으며, 이는 매우 초조하면서도 시간을 낭비하는 일이었다.

동일한 선외 활동 중 후반부에 스캇이 드릴을 조종하며 코어 샘플을 2m 아래로 내려보냈다. 물론 그가 튜브를 다시 끌어 올리려 했을 때 이것은 마치 돌에 박힌 전설의 검을 뽑는 것과 같은 느낌이었고 결국 뽑지 못했다. 그리고 일과를 마쳤다.

다음날 일찍 그들은 달 착륙선을 떠나 3번째이자 마지막 선외 활동을 하였다. 그는 튜브를 뽑기로 마음을 먹었다. 그는 빠르게 흔들어 보기도 하고 내리쳐 보기도 하였으며 손잡이 아래로 손을 뻗어 확 비틀어 빼보려 시도하기도 하였지만 모두 소용없었다. 마지막으로 스캇은 어윈과 함께 귀중한 시간을 불태우며 한 번의 힘겨운 노력으로 튜브를 결국 빼낼 수 있었다. 이 과정에서 어깨를 다쳐서 통증을 가라앉히기 위해 많은 양의 진통제를 먹어야 했지만 시료를 달에 놓고 온다면 이는 더 큰 아픔이 되었을 것이다.

그들은 남은 선외 활동 시간을 해들리 계곡(Hadley Rille, Rille은 원래 실개천을 의미하지만 달 지형의 경우 용암이 지나간 자국을 뜻하며 망원경으로 보면 물이 흐르던 계곡처럼 보인다. 역자주)을 탐험하는 데 보냈고, 달의 기반암으로 이루어진 거대한 바위를 채집하고, 계곡을 가로지르는 멋진 경치를 바라보았다. 그것은 생산적인 임무의 완벽한 끝이었다.

그들이 지구로 돌아오면서 달 수용 연구소(Lunar Receiving Laboratory, 달을 여행한 우주인과 월석의 검역을 담당하는 휴스턴에 있는 연구소., 역자주)의 과학자들은 드릴로 구멍을 뚫어 채취한 코어 샘플을 경쟁적으로 연구하였다. 샘플이 달 진화의 분명한 시간표라 할 수 있는 50개 이상의 구별되는 층이 있어 모두 놀라워했다. 이것과 창세기의 돌 사이에 스캇, 어윈 그리고 워든은 이번 임무가 충분한 가치가 있었으며(모든 테스트 파일럿들이 그렇듯이) 최고의 임무였음에 동의하였다.

아래 지구로 돌아와 행복해하는 승무원들. 왼쪽부터 선장 데이브 스캇, 사령선 조종사 알 워든, 그리고 달 착륙선 조종사 제임스 어윈이다.

CHAPTER
TWENTY-
TWO

달의 고원에
착륙하다

지금까지 NASA의 역사상 이런 임무는 없었다. 1972년 5월, 아폴로 16호 임무 중 통제실에 있던 텍사스 사람들은 달에서 들려오는, 그들에게 친숙한 남부 사투리를 들을 수 있었다.

단순히 악센트뿐만이 아니었고 저속한 농담을 하는 난잡한 목소리와 "핫독!", "위피!"와 같은 감탄사도 들을 수 있었다. 이 목소리의 주인공은 달 착륙선 조종사로 달 여행을 처음 한 찰리 듀크(Charlie Duke)의 목소리였다. 달에서 들리는 다른 목소리는 이번 임무의 선장 존 영(John Young)의 것이었으며, 그는 켄터키 발음으로 말을 많이 하였다(사실 그는 노스캐롤라이나에서 자랐다). 머리 위, 달 궤도상에서 그들의 익살스러운 행동을 따라하고 있는 사람은 사령선 조종사 켄 매팅리(Ken Mattingly)였다. 그는 원래 아폴로 13호에 탑승할 예정이었으나 기회를 빼앗겼다.

아폴로 16호의 착륙 지점은 젊은 지형인 바다보다 넓은 영역을 차지하고 있는 달의 오래된 고원, 산악지대였다(다른 아폴로 우주선들은 모두 달의 바다나 바다 주변에 착륙하였다). 16호는 월면차와 거주 기간이 늘어난 달 착륙선을 활용하는 또 다른 "J" 임무였다. 영과 듀크는 달에서 이 둘을 최대한 활용하였다.

그들에게는 3번의 선외 활동에서 진행할 야심찬 계획이 있었다. 선외 활동하는 시간은 평균적으로 한 번에 7시간 정도이다. 일정의 가장 처음에는 ALSEP이 있었고 거의 계획에 맞춰 설치되었다. 아폴로 12호부터 달 내부의 열 흐름을 측정하기 위한 실험 장비를 설치하려는 노력이 있었으며, 이를 통해 달의 기원을 알아내고자 하였다. 이를 위해서는 지면에 구멍을 뚫고 탐침을 넣어야 했지만 아폴로 15호에서는 큰 문제였다. 휴스턴의 지구물리학자들은 개선된 드릴이 실제로 작동이 잘 되었기 때문에 이 실험에거는 기대가 아주 컸다. 영이 다른 장비를 설치하며 착륙 지점을 지나가는 동안 무언가가 그의 부츠를 당기는 느낌을 받았고 다음과 같은 대화를 통제실에서 듣게 되었다.

영 : 찰리...
듀크 : 왜?
영 : 여기 무슨 일이 생긴 것 같아.
듀크 : 무슨 일?
영 : 나도 잘 모르겠어! 여기 선이 느슨하게 되어 있네.
듀크 : 어어.
영 : 이게 뭐지? 무슨 선이지?
듀크 : 그거 전열선이야. 네가 뺀 거잖아.
영 : 왜 이렇게 되었는지 잘 모르겠어.
영 : 그쪽도 느슨해?
듀크 : 어.
영 : 전능하신 하느님.
듀크 : 하여간 난 시간 낭비하고 있어.

휴스턴과 잠시 회의를 하고 난 뒤...

영 : 미안해, 찰리, 젠장...

위 1972년 4월 16일. 마지막에서 두 번째 달 탐사 임무를 맡은 아폴로 16호가 플로리다에서 발사되고 있다. 다시 언급하지만 아폴로 16호는 이전의 모든 달 탐사를 능가했다.

오렌지 주스

아폴로 15호에서 달에 착륙한 우주인들은 심장이 불규칙하게 뛰는 것을 경험하였다. 영과 듀크는 선외 활동 사이사이에 칼륨 보충을 위해 많은 양의 오렌지 주스를 마시도록 지시받았다. 영은 전 세계 모든 사람들이 듣고 있는 마이크에 대고 그들의 뱃속은 항상 동의하지 않는다며 정확히 지적했다.

영 : 자꾸 방귀가 나오네. 나오고 또 나와. 찰리, 그들이 도대체 나한테 뭘 준거지? 내 생각에는 위산과다인 듯해. 진짜야.
듀크 : 정말 그럴지도 모르겠네.
영 : 내 말은, 20년 동안 이렇게 많은 감귤류를 먹은 적이 없어! 그리고 하나 더 말하자면, 앞으로 엿 같은 12일 동안 나는 더 먹지 않을 거야. 그리고 내 아침 식사에 칼륨을 넣는다면 다 토해버릴 거야. 난 그냥 오렌지가 좋다고. 진짜야. 하지만 오렌지에 파묻히게 된다면 정신을 놓을지도 몰라.

그리고 휴스턴에서 호출이 왔다.

캡콤 : 오리온, 휴스턴이다.
영 : 네.
캡콤 : 그래, 존. 그런데 마이크가 켜져 있었어...
영 : 이런... 얼마나 켜져 있었는데?
캡콤 : ... 네가 말하는 내내...

영의 태도는 확 바뀌었고, 남은 비행 기간 중 방송이 되는 순간 오렌지에 대해 더 이상의 언급은 없었다.

아래 아폴로 16호 승무원의 모습. 왼쪽부터 사령선 조종사 캔 매팅리, 선장 존 영. 그리고 달 착륙선 조종사 찰리 듀크가 있다.

오른쪽 페이지 달 착륙선에 촬영한 사령선/기계선 캐스퍼의 모습. 여기에 매팅리 혼자 남겨져 있다. 매팅리는 아폴로 13호 발사 직전에 제외되었고 아폴로 16호가 그의 첫 우주 비행이었다.

찰리 듀크가 해머를 던지다.

듀크는 개인적으로 열 흐름 실험에 관심이 많았다. 이전 임무에서도 이 실험 장비를 전개하려 시도했지만, 드릴이나 다른 구성 요소들의 문제로 인해 결과가 좋지 않았다. 아폴로 16호의 비행에서 유일하게 그가 낙담한 순간이다. 보통 찰리의 장난에 반응이 없던 영은 이 건에 대해 진심으로 미안해하며 여러 번 사과하였다. 그들은 찢어진 와이어를 검사했다. 이 와이어는 약한 힘에도 깔끔하게 잘릴 만큼 대충 설계한 커넥터를 가지고 있어서 돌이킬 수 없었다. 그들은 계속 움직여 플래그 크레이터(Flag Crater) 근처까지 로버를 타고 가 화산에서 나온 돌을 찾고자 했지만 찾지 못했다.

두 번째 선외 활동은 월면차 없이 진행되었고 세 번째는 목표로 했던 것을 찾아 지질학자에게 선물을 안겨주게 되었다. 그들은 여러 개의 샘플로 만들 수 있는 둥글고 아주 커다란 돌을 찾고자 하였다. 듀크는 달 궤도에서 내려올 때 보아둔 후보를 찾았고, 그들이 노스 레이 크레이터(North Ray Crater)에 갔을 때 그 후보가 거기 있었다. 로버에 장착된 TV 카메라의 렌즈가 달에서는 원근감을 정확히 보여주지 못하기 때문에 휴스턴에 있는 팀에게 그 돌이 얼마나 큰지 알려줄 수 없었다. 하지만 우주인들이 카메라로부터 점점 멀어지며 작아지는 것을 보며 이 돌이 얼마나 큰지 명확하게 알게 되었다. 이 돌에는 하우스 록(House Rock)이라는 이름이 지어졌으며, 현재까지도 달에서 채취한 가장 큰 샘플로 남았다.

시간은 너무 빨리 흘러갔고 피곤했지만 신이 난 2명의 탐험가들은 달 착륙선으로 돌아와야 했다. 이전에 달에 왔던 우주인들처럼 그들은 이제 필요가 없는 배낭, 카메라 그리고 다른 무거운 장비들을 달에 남겨놓고 달 궤도를 돌고 있는 사령선과 켄 매팅리에게 돌아갈 준비를 했다. 이것은 보람 있는 임무였다. 그리고 많은 사람들이 희망하던 화산암을 찾지는 못했지만 그 어떤 아폴로 승무원보다 앞서 나갔고 더 많은 탐사 활동을 했다. 그 이후 한 가지 일이 있었는데 닉슨 대통령이 남은 아폴로 계획을 취소해버린 것이다. 이로 인해 아폴로 17호가 마지막이 되었다.

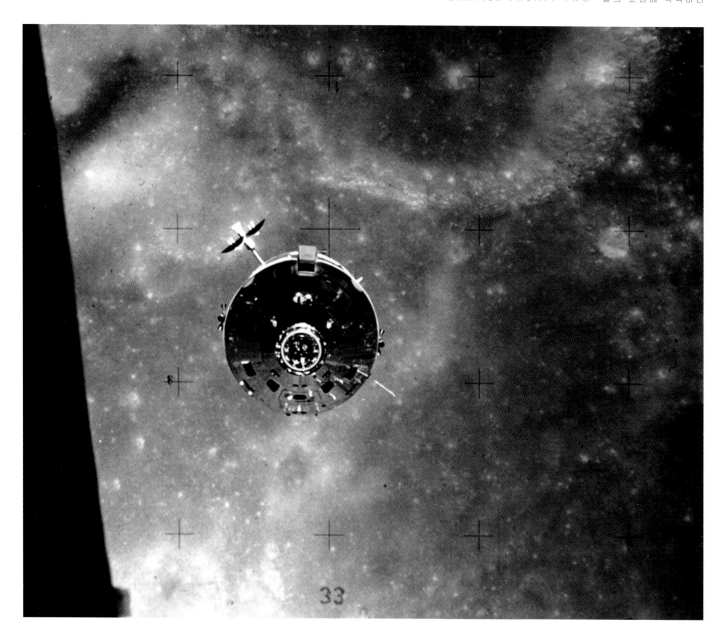

33

달 자동차 경주

아폴로 16호에 계획되어 있던 활동의 일부로써, 아폴로 16호의 승무원들이 월면차를 시험하고 있다. 찰리 듀크가 동영상 카메라를 조작하였고 영은 차량을 몰았다. 몇 번 왔다 갔다 하면서 핸들링과 브레이크 성능을 테스트한 뒤, 영은 달에서 바퀴 달린 탈 것의 최고 속도 기록을 세우려 했다. 이때 속도는 약 시속 12km였다. 보통 때처럼 충분한 여지를 가지고 월면차를 시험하였다.

오른쪽 존 영이 월면차의 성능을 시험하러 달려가고 있다. 이때 속도와 핸들링 능력을 시험하였다.

아폴로 16호 전단지

상세한 내용이 담겨 있는 NASA의 공식 아폴로 16호 전단지.
여기에는 승무원의 프로필과 시간별 임무 그리고 주요 목적에 관한 내용이 담겨있다.

아폴로 16호 데이터 시트

이 아폴로 16호 데이터 시트에는 주요 이벤트 일정과 활동 지역의 지도 등에 관한 정보가 담겨있다. 언제나 그렇듯,
시간표가 꼭 맞지는 않지만, 아폴로 16호의 경우 일정을 잘 맞추었다. 이 시트는 기자와 계약사 그리고 통제실 인원
이 아닌 직원들에게 배포되었다.

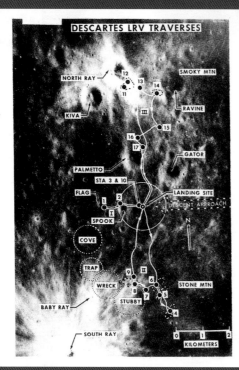

DESCARTES LRV TRAVERSES

APOLLO 16

MISSION SUMMARY

APOLLO 16 MISSION EVENTS

EVENT	G.E.T. HR:MIN	C.S.T. HR:MIN
---SUN/APRIL 16---		
LIFT-OFF	00:00	11:54 a.m.
EPO INSERTION	00:12	12:06 p.m.
TRANSLUNAR INJECTION		
BURN INITIATION (t_B = 335 SEC)	02:33	2:27
CSM/S-IVB SEPARATION	03:04	2:58
TV COVERAGE (TRANS & DOCK, 19 MIN)	03:09	3:03
DOCKING	03:14	3:08
CSM/LM EJECTION	03:59	3:53
EVASIVE MANEUVER (PERFORMED BY S-IVB)	04:22	4:16
FIRST MIDCOURSE CORRECTION (MCC-1)	11:39	11:33
------MON/APRIL 17------		
MCC-2	30:39	6:33 p.m.
------TUE/APRIL 18------		
MCC-3	52:29	4:23 p.m.
------WED/APRIL 19------		
MCC-4	69:29	9:23 a.m.
SIM DOOR JETTISON	69:59	9:53
LUNAR ORBIT INSERTION (LOI)		
BURN INITIATION (t_B = 375 SEC)	74:29	2:23 p.m.
S-IVB PREDICTED LUNAR IMPACT	74:30	2:24
SELENOGRAPHIC LATITUDE = -2.3°		
SELENOGRAPHIC LONGITUDE = -31.7°		
DESCENT ORBIT INSERTION (DOI, REV 2)		
BURN INITIATION (t_B = 24 SEC)	78:36	6:30
------THUR/APRIL 20------		
UNDOCKING & CSM SEPARATION (REV 12)	96:14	12:08 p.m.
CSM CIRCULARIZATION (REV 12) (t_B = 6 SEC)	97:42	1:36
POWERED DESCENT INITIATION (REV 13)		
DPS IGNITION	98:35	2:29
HIGH GATE (P63 TO P64)	98:44	2:38
LOW GATE	98:45	2:39
VERTICAL DESCENT (P64 TO P65)	98:46	2:40
LM LANDING	98:47	2:41
SELENOGRAPHIC LATITUDE = -9.0°		
SELENOGRAPHIC LONGITUDE = 15.5°		
CSM FIRST PASS OVER LLS (REV 13)	98:43	2:37
FIRST EVA (7 HR)	102:25	6:19
TV COVERAGE (6 HR 47 MIN)	102:25	6:19
------FRI/APRIL 21------		
SECOND EVA (7 HR)	124:50	4:44 p.m.
TV COVERAGE (6 HR 35 MIN)	125:10	5:04
------SAT/APRIL 22------		
THIRD EVA (7 HR)	148:25	4:19 p.m.
TV COVERAGE (8 HR 04 MIN)	148:45	4:39
FIRST CSM PLANE CHANGE (RCV 40)		
BURN INITIATION (t_B = 9 SEC)	152:29	8:23

APOLLO 16 MISSION EVENTS (CONCLUDED)

EVENT	G.E.T. HR:MIN	C.S.T. HR:MIN
---SUN/APRIL 23---		
TV COVERAGE (EQUIPMENT JETTISON, 12 MIN)	170:08	2:02 p.m.
TV COVERAGE (LM LIFT-OFF, 25 MIN)	171:30	3:24
CSM SECOND PASS OVER LLS (REV 50)	171:46	3:40
LM ASCENT (REV 50)		
LM LIFT-OFF	171:45	3:39
LM INSERTION (t_B = 434 SEC)	171:52	3:46
TPI (APS) (t_B = 3 SEC)	172:39	4:33
TV COVERAGE (RENDEZVOUS PHASE, 6 MIN)	173:20	5:14
RENDEZVOUS MANEUVERS		
BRAKING	173:20	5:14
DOCKING	173:40	5:34
TV COVERAGE (5 MIN)	173:46	5:40
LM JETTISON (REV 53)	177:31	9:25
CSM SEPARATION		
BURN INITIATION (t_B = 13 SEC)	177:36	9:30
ASCENT STAGE DEORBIT	179:16	11:10
ASCENT STAGE LUNAR IMPACT (CSM REV 54)	179:39	11:33
SELENOGRAPHIC LATITUDE = -9.5°		
SELENOGRAPHIC LONGITUDE = 15.0°		
------MON/APRIL 24------		
SECOND CSM PLANE CHANGE (t_B = 16 SEC)	193:14	1:08 p.m.
------TUE/APRIL 25------		
SHAPING BURN		
BURN INITIATION (t_B = 2 SEC)	216:49	12:43 p.m.
SUBSATELLITE JETTISON (CSM REV 73)	218:02	1:56
TRANSEARTH INJECTION (REV 76)		
BURN INITIATION (t_B = 150 SEC)	222:21	6:15
------WED/APRIL 26------		
MCC-5	239:23	11:17 a.m.
TV COVERAGE (TRANSEARTH EVA, 1 HR 10 MIN)	241:55	1:49 p.m.
------THUR/APRIL 27------		
MCC-6	268:23	4:17 p.m.
------FRI/APRIL 28------		
MCC-7	287:23	11:17 a.m.
CM/SM SEPARATION	290:08	2:02 p.m.
ENTRY INTERFACE	290:23	2:17
CM LANDING	290:36	2:30
GEODETIC LATITUDE = 5.00°		
LONGITUDE = -158.67°		

NASA-MSC-FOD
MISSION PLANNING & ANALYSIS DIVISION
MARCH 13, 1972

CHAPTER
TWENTY-
THREE

최후의 순간 :
아폴로 17호

닉슨 대통령은 아폴로 18, 19, 20호를 취소했고, 미국의 달 착륙 프로그램은 그 끝 지점,
아폴로 17호에 이르렀다. 다행히 이것은 달 비행의 성숙도와 일치했다.

각각의 "J" 임무는 아폴로 16호까지 기능이 향상된 월면차와 달 착륙선의 잠재력을 전부 활용하여 그 한계까지 밀어붙였다. 이제 남아 있는 궁금증과 탐구에 대해 달 표면에서 아폴로 17호가 75시간 동안 머물며 대답을 할 차례가 되었다. 그리고 모든 것이 끝나게 된다.

이미 새턴 로켓과 달 비행체 조립 라인은 정지하였고 하청업체들은 우주 왕복선 프로그램이나 다른 영역에서 일감을 찾아야 했다. 아폴로 17호는 1972년 12월 7일에 우주 경쟁의 황혼 속으로 발사되었다.

아폴로 10호에 탑승했던 선장 진 서넌(Gene Cernan)은 임무를 종결짓기 위해 돌아왔다. 사령선 조종사인 로널드 에반스(Ron Evans)는 이 마지막 비행에 기꺼이 참여하였다. 달 착륙선 조종사는 조 앵글(Joe Engle)로 내정되어 있었고 그는 이 자리를 지키기 위해 열심히 일해왔다. 하지만 과학계에서 아폴로 17호가 마지막이라는 것을 알게 되자 과학자를 훈련시켜 달로 보내야 한다는 강력한 압력을 행사하기 시작했다. 이에 하버드에서 지질학 박사 학위를 받은 해리슨 슈미트(Harrison Schmitt)에게 기회가 돌아갔다. 그는 원래 아폴로 18호에 탑승할 예정이었다. 몇몇은 심기가 불편했지만 관련자

모두는 결국 이런 결정을 이해하게 되었다. 이것은 달에서 지질학적인 성과를 얻을 수 있는 마지막 기회였다.

그리고 성과는 대단했다. 지형이 복잡한 지역에 착륙한 뒤, 서넌과 슈미트는 각 7시간씩 3회의 선외 활동 중 첫 번째를 빨리 시작하고자 하였다. 토러스-리트로(Taurus-Littrow) 지역이라고 하는 착륙 지점은 맑음의 바다 끝자락에 있었으며, 40억 년 전에 무언가 크고 빠르게 움직이는 물체가 여기에서 달과 충돌하였고 충돌 지점 가장자리에는 오래된 물질이 아주 많이 흘러나왔다. 그리고 이 오래된 돌의 일부가 토러스-리트로였다.

ALSEP은 물론 열 흐름 실험 장치도 잘 설치되었다.

아래 슈미트가 토러스-리트로에서 표본을 채취하고 있다. 그가 입고 있는 우주복의 3/4은 달의 먼지로 뒤덮여 있으나 입자가 작고 잘 달라붙어서 떼어내는 것은 불가능했다.

왼쪽 아폴로 사상 처음이자 유일한 야간 발사를 위해 카운트다운이 시작되었다.

초기 실험 중 몇몇은 새로운 장비에 적용되었으며 핵연료로 작동하는 실험 장비의 측정 결과는 수년간 지구로 전송된다(ALSEP에 있는 동위원소 발전기는 10년간 작동한다). 두 번째 선외 활동에서 우주인들은 사우스 마시프(South Massif)라는 장소에서 표본을 수집하였다. 슈미트는 달 표면에서 전문가 역할을 잘 해냈으며, 서넌은 그의 관찰자이자 믿을만한 조수 역할을 하였다. 선장에게 있어서 이는 역할이 뒤바뀐 것일지 모르겠으나 서넌은 이 역할을 맡았고 열정적이었으며 도움이 되었다.

임무의 핵심에는 아직 이르지 못했다. 하지만 그들은 쇼티 크레이터(Shorty Crater)까지 월면차를 몰고 가 표본 수집을 위해 멈추었다. 서넌이 월면차를 살펴보는 동안 슈미트는 바위를 살펴보러 걸어갔다가 잠시 멈추었다. 그가 본 것은 통제실에서 다음의 대화를 듣기 전에 그를 숨막히게 했다.

슈미트 : 오렌지색 흙이 있어.
서넌 : 내가 가서 볼 때까지 움직이지 마.
슈미트 : 여기 전체가 다 오렌지색이야.
서넌 : 내가 가서 볼 때까지 움직이지 마.
슈미트 : 내가 발로 밟고 있어.
서넌 : 이봐, 진짜네! 여기에서도 보인다.
슈미트 : 오렌지색이야!
서넌 : 잠시만, 바이저를 올려보겠어... 여전히 오렌지색이다!
슈미트 : 물론이지!
서넌 : 오렌지색이야! 정신 나간 게 아니었어. 진짜 오렌지색이다.

이것은 이번 임무에서 가장 극적인 발견이었다. 그때, 슈미트는 이 오렌지색 토양은 아마도 화산 유리가 근처에 있는 분기공을 통해 뿜어져 나온

리 실버(Lee Silver)

해리슨 잭 슈미트가 아폴로 임무와 관련이 있게 되자 그는 우주인들이 달의 지질학에 관심을 갖지 않을 것이라고 생각하였다. 그는 자기의 오랜 멘토인 리 실버를 캘리포니아주 파사디나에 있는 칼텍(Cal Tech, 캘리포니아 공과대학교 NASA 산하의 JPL(제트 추진 연구소)이 있다., 역자주)에서 만났다. 실버는 우주비행사들은 캘리포니아 남부에 있는 오로코피아 산맥(Orocopia Mountains)으로 데려갔다. 아폴로 15호에서 이 교육은 뿌리를 내렸고, 아폴로 17호에서 슈미트가 엄청난 발견을 하면서 절정에 이르렀다. 사진에서 줄무늬 셔츠를 입고 손가락으로 가리키는 사람이 실버이며, 그 옆에 찰리 듀크가 있으며 앞에 있는 사람이 존 영이다.

것이며, 이것이 뜨거운 달(즉, 과거의 화산 활동)의 증거라고 생각했다. 하지만 오렌지색 화산 유리는 오래되었지만 크레이터는 이보다 젊어 이 둘은 관련이 없었다. 그래도 이것은 놀라운 발견이며 연구자들에게 과거를 들여다볼 수 있는 창문이 되어 주었다.

세 번째이자 마지막 선외 활동을 마치고 달 착륙선으로 돌아왔을 때 서넌은 월면차를 몰고 조금 떨어진 곳에 두어 TV 카메라를 통해 달 착륙선이 이륙하는 장면을 볼 수 있도록 했다. 그는 달 착륙선으로 터벅터벅 걸어와 슈미트가 표본과 실험 장비를 싣는 것을 도왔다.

그리고 그들은 달 착륙선으로 돌아올 준비를 하면서 서넌은 다른 달 착륙선에 실려있던 것과 비슷한, 달 착륙선 다리에 붙어 있는 명판의 내용을 소리내어 읽었다.

서넌 : 여기 달과 아폴로 우주선들이 착륙했던 지점이 보입니다. 따라서 나중에 누군가가 이곳에 와서 이 명판을 본다면 그들은 이 모든 것이 어디에서 시작되었는지 알게 될 것입니다. 명판에는 "1972년 12월, 여기에서 인간은 달에 대한 첫 번째 탐사를 마쳤다. 우리가 여기에 온 평화의 정신이 모든 인류의 삶에 반영되기를..."이라고 새겨있으며, 유진 서넌, 로널드 에반스, 해리슨 슈미트 그리고 가장 중요한, 미합중국 대통령 리처드 닉슨의 서명이 들어있습니다. 이것은 우리와 같은 사람들이, 미래의 약속인 여러분 중 누군가가 이곳에 돌아와 이 명판을 읽고 아폴로의 탐험과 의미를 발전시키기 위해 돌아올 때까지 여기에 있을 우리의 기념물입니다.

잠시 후 슈미트는 달 착륙선으로 올라갔고 서넌은 풋패드에서 멈춰 섰다. 이곳에서 그는 닐 암스트롱이 한 것처럼 달 표면에 발자국을 남겼고 여기에서부터 얼마나 오래일지 모르는 그의 마지막, 누군가의 마지막을 남겼다. 이곳은 이 위대한 모험에 대한 그의 마지막 생각을 라디오로 중계하기에 좋은 장소였다.

서넌 : ...제가 인간의 마지막 발자국을 달에 남기며 언젠가 다시 돌아올 시간을 위해 집으로 돌아갑니다. 하지만 우리는 그때가 너무 먼 미래가 아님을 믿습니다. 저는 역사가 기록할 것을 알고 있다는 말을 하고 싶습니다. 오늘날 미국의 도전은 미래 인류의 운명을 강하게 해줄 것입니다. 그리고

우리가 이곳에 왔을 때와 같은 모습으로 달의 토러스-리트로를 떠나갑니다. 신은 평화와 모든 인류의 희망을 가지고 돌아오기를 원합니다. 아폴로 17호의 승무원들이 성공하기를...

그는 사다리를 올라가 해치를 닫았고 한 시간도 안되어 궤도에 올라 로널드 에반스와 만났다. 아폴로 17호는 지금까지 가장 생산적인 임무였으며 과학자들에게 수년간 할 수 있는 연구 거리를 제공하였다.

집으로 향한 비행 이틀 뒤 착수함으로써 모든 것이 그렇게 끝났다. 암살당한 대통령의 도전으로 시작된 일이 9년 만에 결실을 맺었고, 인간이 고향 행성의 궤도를 떠난 것은 적어도 40년 동안은 이번이 마지막일 것이다. 우주 탐험의 황금기가 조급하게 막을 내렸다.

하지만 NASA는 우주선 조립 빌딩에서 새턴 V를 1대 더 준비하고 있었고, 그 계획은 규모 면에서 정말 대단한 것이었다.

아폴로 17호가
달을 떠나는 장면

푸른 구슬

아폴로 시대의 가장 유명한 사진 중 하나인 이 사진은 아폴로 17호 발사 후 5시간이 지났을 때, 달로 가기 위한 엔진 분사를 하고 2시간이 지난 상태에서 촬영한 것이다. 이것은 아폴로 프로그램에서 유일하게 선명하면서도 빛나는 사진이었다. 환경 운동가들이 지구가 얼마나 연약한지 보여주기 위한 용도로 수년간 사용되었으며, 이 사진은 보통 극 부분이 위로 가도록 뒤집어서(마치 지구본을 보듯이) 보인다. 이 사진은 아폴로 17호 궤적의 특정한 방향에서만 촬영할 수 있었다.

왼쪽 페이지 진 서넌이 월면차를 몰고 있다. 우주인들은 점프해서 떨어지면서 두 다리를 동시에 월면차에 구부려 넣는 기술을 개발하였다. 이 방법은 기어오르는 것보다 쉽고 빨랐다.

CHAPTER
TWENTY-
FOUR

아폴로의 유산

아폴로의 영광스러운 세월 동안, NASA는 아폴로 17호 이후 임무 계획을 세웠으며 아폴로 18~20호 임무는 지금까지 가장 야심찬 것이었을 것이다. 그러나 달까지의 짧은 모험에서 벗어나자는 제안이 있었다.

아폴로에서 파생한 장비(F1 엔진을 8개 이상으로 클러스터를 구성하여 부스터에 장착)로 만든 부스터 로켓을 이용한 화성 탐사에 대한 계획이 있었으며, 달 탐사 기지인 달 모듈 등에서 영감을 얻은 대규모 유인 기지가 있는 달 탐사 계획이 수십 건 연구되었다. 항공 우주 회사들은 우주 사업에 손을 대기 위해 앞다투어 나섰고, NASA의 요청에 따른 그리고 공식적인 요청과는 별도인 그들만의 야심찬 아이디어를 가지고 있었다.

결국 아폴로 프로그램은 갑자기가 아니라 슬슬 진행되었고 그럼에도 불구하고 아폴로의 기계에는 앞으로 해야 할 위대한 일들이 남아 있었다.

가장 먼저 하늘을 날게 된 것은 멋진 스카이랩 프로그램이었다. 90톤이 넘는 스카이랩은 현재 사용하고 있는 국제 우주 정거장(ISS) 이전에는 가장 큰 유인 우주 시설이었다. 스카이랩은 초기에 폰 브라운이 제안한 지평선 프로젝트(Project Horizon, 연구 시설이라기보다는 군사용으로써, 무장한 달의 기지에 관한 것이었지만 궤도를 도는 정거장을 포함하고 있었다)와 제미니 기술을 활용한 또 다른 군대용 플랫폼인 공군의 MOL(Manned Orbiting Laboratory, 궤도상의 유인 실험실)에 그 기원을 두고 있었다. 그러나 결국 스카이랩은 아폴로였다.

스카이랩은 우주 정거장으로 개조한 새턴 로켓의 SIVB단이다. 남아 있는 새턴 V를 이용해 사람이 탑승하지 않은 상태로 1973년 5월 14일에 발사되었고, 얼마 뒤에 구형인 새턴 IB 로켓에 아폴로 사령선/기계선을 장착하고 승무원을 탑승시켜 발사하였다. 빈 스카이랩에는 발사 시에 발생한 손상이 있었지만 아폴로 12호의 피트 콘래드가 이끄는 용감한 승무원은 위험한 수리 선외 활동을 수행하여 프로젝트를 구했다. 2명의 승무원이 더 뒤따랐고, 그 후 스카이랩은 폐쇄되었다. 몇 년 후, 궤도가 붕괴되기 시작하면서, NASA는 스카이랩을 더 높은 궤도로 끌어올리기 위해 우주 왕복선을 활용하려 했지만, 우주 왕복선 프로그램의 지연으로 인해 1979년 7월, 통제되지 않은 재진입으로 스카이랩은 불타며 최후를 맞이했다.

비행 가치가 남아 있는 일부의 아폴로 기자재가 1975년 7월에 아폴로-소유즈 시험 프로젝트(ASTP)에 재배치되었다. 본질적으로 홍보 임무로, 2대의 우주선을 연결하는 것 중에서 아폴로 부분은 7명의 머큐리 우주비행사 중 하나인 데크 슬레이튼이 지휘하였다. 그는 심장 부정맥으로 인해 비행이 금지되었지만 당시에는 비행을 허가받은 상황이었다.

아폴로/금성

아폴로 응용 프로그램의 일부로써 유인 우주선을 금성에 보내는 것이 고려되었다. 금성의 표면 온도는 482℃에 이르고 대기압은 89.6bar에 달하여 유인 착륙은 비현실적이었기에 그 대신 우주선이 금성을 돌아 지나가게 하여 행성을 관측하는 것이었다. 이 임무는 14개월이 걸리며 이에 대해 생각해보는 것은 흥미로운 일이지만, 이 프로젝트를 진행했을 경우, NASA나 나중에 발사한 마젤란호나 다른 무인 금성 탐사선들에 비해 더 가치 있는 데이터를 제공했을 것이라고 상상하기는 어렵다.

오른쪽 아폴로 이후에 금성을 지나가는 임무에는 스카이랩과 같은 거주 공간을 포함한 아폴로의 기자재를 통해 금성에 착륙 없이 가는 14개월짜리 여행이 가능할 것이라 생각했다.

오른쪽 1966년에 NASA 부국장인 조지 뮬러(George Mueller)가 그린 스카이랩 컨셉 스케치.

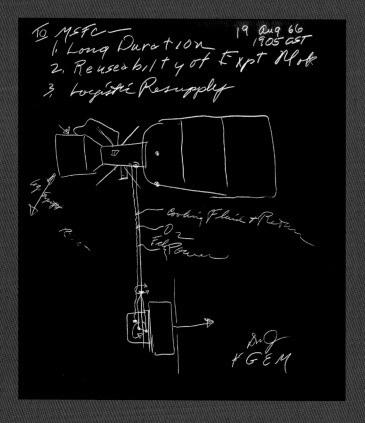

X-20

NASA가 달에 도달하고 있을 때, 미 공군은 독일인이 개척한 우주로 가는 또 다른 경로를 따라가고 있었다. X-20은 젠거 스킵 폭격기를 기반으로 한 궤도 폭격기와 정찰기 플랫폼이었다. 타이탄 III 로켓 위쪽에서 발사되도록 설계된 X-20은 다이나-소어(Dyna-Soar, dynamic soaring의 줄인 말)라고도 하며, 이후에 나온 우주 왕복선(15년의 격차가 있다.)을 닮았지만, 크기가 작았고 1, 2명의 승무원을 위해 설계되었으나 목업 단계에서 벗어나지 못했다.

왼쪽 X-20은 1960년대 후반에 궤도에 도달하기 위해 수정한 타이탄 부스터 위에 초기 형태의 우주 왕복선을 부착한 모양이었을 것이다.

슬레이튼은 열정적으로 임무에 참여하였고, 심지어 러시아의 우주 장비에 대한 훈련을 위해 소련에 여행을 다녀오기도 했다. 소련의 소유즈는 최초로 우주 유영을 한 알렉세이 레오노프가 지휘하였다. 아폴로와 소유즈 두 우주선은 7월 17일 특수 도킹 어댑터를 통해 지구 궤도에서 연결되었다. 두 우주선이 연결되어 있는 44시간의 대부분은 악수와 상호 방문으로 구성되어 있었고, 그 후 그들은 분리하여 각자의 집으로 돌아왔다. NASA는 1981년, 우주 왕복선이 출범하기 전까지 사람을 우주로 보내지 않을 계획이었다.

그리고 화성이 있었다. 많은 NASA 기획자들에게 항상 궁극적인 목표인 화성 유인 비행에 대한 개념 연구는 1950년대와 1970년대 사이에 수백 번 진행되었다.

왼쪽 페이지 스카이랩은 결국 날게 되었다. 사진 하단에 보이는 골판지 모양의 금 커버는 피터 콘래드와 그의 승무원이 정거장에 거주하기 전에 전개한 열 차폐물이며, 오른쪽의 태양 전지판은 반대쪽에도 이와 똑같이 생긴 태양 전지판이 있어야 했다.

왼쪽 아폴로-소유즈 시험 프로젝트는 냉전의 산물이었고, 미국과 소련의 관계가 위험했던 시기에 일어났다. "우주에서의 악수"라고 불리는 이 임무는 기술에 관련된 것만큼이나 PR에 관한 것이었다.

이러한 수많은 임무 계획은 아폴로의 기자재를 핵심으로 사용하면서 특히 확장된 새턴 V와 증강된 사령선의 특성을 활용하였다. 그것을 보면 어떤 일을 할 수 있을지 알 수 있다.

그러나 궁극적으로 스카이랩과 ASTP 이후 인류는 아폴로 프로젝트의 부산물을 지상에서 활용하는 방법을 배워야 했다. 아폴로가 지구 생명체에 미친 영향의 사례는 다음과 같다. :

- 아폴로 유도 컴퓨터는 집적회로를 이용한 최초의 소형 컴퓨터였으며, 우리가 오늘날 즐기고 있는 아주 작은 컴퓨터의 선구자라 할 수 있다.
- 폐수 정화 기술은 아폴로 및 연장된 임무에서 우주선 내부에서 사용하기 위해 발전하였다.
- 유명한 테프론은 아폴로에 다양하게 적용되기 위해 개발되었으며, 테프론과 그 파생상품은 여전히 많이 사용되고 있다.
- 신장 투석 장치는 아폴로 시대에 액체에서 독소를 제거할 필요에 의해 발전하였다.
- 의료용 단층 촬영(CT)과 자기 공명 영상 장치(MRI)는 아폴로의 영상 및 품질 관리 기술을 바탕으로 개발한 것이다.

이 밖에도 수백 개가 넘는 사례가 존재한다. 우주 비행 그 자체보다는 훨씬 평범하지만 우리의 일상에 있어서 가치가 있는 것들이다.

마지막으로, 아폴로 및 다른 프로그램뿐만 아니라 X-15의 기술을 적용한 우주 왕복선이 있었다. 우주 왕복선은 논리적인 흐름에 의해 NASA가 선택하였다. 우주 왕복선은 계획했던 것만큼 신뢰성이 높거나 저렴하지는 않았지만 이로 인해 미국은 우주에 30년 이상 더 머물 수 있었다(우주 왕복선 프로그램은 2011년에 중단되었다.). 하지만 이것은 여러 가지 면에 있어서 막다른 길이었다. 우리의 미래에 우주 비행기가 있겠지만, NASA의 현재 우주 프로그램 활성화를 위한 계획은 컨스텔레이션(Constellation) 발사 시스템을 위해 아폴로 시대의 기술로 회귀하는 것이다.

초기의 우주 비행사들은 어느 정도의 행운과 함께 달로 여행했다는 것을 기억할 필요가 있다. 아폴로 13호는 예외였지만, 그 재난 속에서도 승무원들은 안전하게 귀환하였다. 오랜 기간의 화성 임무나 집에서 멀리 떨어진 달 정거장에서, 그러한 비상사태는 생명을 위협하게 된다. 그렇다면 우리 앞에 놓인 질문은 '무엇이 될 수 있었을까?'하는 것이 아니라 '아폴로와 그 이후의 프로그램에서 배운 교훈으로 미래에 무엇을 이룰 수 있는가?' 하는 것이 된다. 우리는 무엇을 꿈꾸고, 도달하고, 위험을 감수하게 될까?

위 원래의 NASA 로고는 1959년으로 거슬러 올라간다. 주황색 공은 행성을 나타내고, 붉은 델타 모양은 항공 연구를 나타낸다. 행성 주위를 도는 밝은 흰색 물체가 우주선이다.

아래 NASA 우주 왕복선의 모습. 우주 왕복선은 성공과 실패가 광범위하게 섞여 있다. 세계 최초로 그리고 현재까지 유일하게 25년간 우주 비행을 한 유인 우주 비행기라는 점은 성공이라 할 수 있으며 비싸면서도 위험하다는 것이 입증되었다는 면에서 실패라 할 수 있다. 우주 왕복선은 2011년에 퇴역하였다.

아폴로의 향후 계획

1969년에 작성된 아폴로의 향후 계획에 관한 메모. 닉슨 행정부가 아폴로 비행에 대한 감축을
시행하기 불과 몇 주 전에 NASA는 여전히 아폴로 20호를 진행할 계획을 세우고 있었다.

From NASA Hdq.

NATIONAL AERONAUTICS AND SPACE ADMINISTRATION
WASHINGTON, D.C. 20546

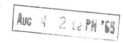
AUG 4 2 12 PM '69

REPLY TO
ATTN OF

July 29, 1969

TO: A/Administrator

FROM: M/Associate Administrator for Manned Space Flight

SUBJECT: Manned Space Flight Weekly Report - July 28, 1969

1. APOLLO 11: First manned lunar landing accomplished: July 16-24, 1969.
First footstep on the moon at 10:56:25 p.m. EDT, July 20.

2. APOLLO 12: On July 24, Apollo 11 splashdown day, all centers and
supporting elements were instructed to transfer to the alternate lunar
exploration phase of the program. Our second landing mission, moving
into the initial phase of a comprehensive lunar exploration program, will
head for Site 7 in the western mare area -- Oceanus Procellarum -- several
hundred feet from the Surveyor III landing point; Site 5 will be the
backup site. Apollo 12 launch readiness is now targeted for November 14,
with November 16 as the alternate date.

3. APOLLO 13: Apollo elements were also directed to proceed toward an
earliest launch readiness date of March 9, 1970, aiming toward a touchdown
in the Fra Mauro Highlands area of the moon.

4. CURRENT APOLLO PLANNING SUMMARY: Through Apollo 20, the fifteenth
Saturn V flight, the tentative planning schedule stands as follows:

PA-MGR
PA-M.CSM
PA-M.LM
PA-M.LLO
PA-A.MgFLS
PA-TecAst
PA2
PD
PE
PF
PP
PT
FILES
NA

FLIGHT	LAUNCH PLANS		TENTATIVE LANDING AREA
Apollo 12	November	1969	Oceanus Procellarum lunar lowlands
Apollo 13	March	1970	Fra Mauro Highlands
Apollo 14	July	1970	Crater Censorinus Highlands
Apollo 15	November	1970	Littrow volcanic area
Apollo 16	April	1971	Crater Tycho (Surveyor VII impact area)
Apollo 17	September	1971	Marius Hills volcanic domes
Apollo 18	February	1972	Schroter's Valley - river-like channelways
Apollo 19	July	1972	Hyginus Rille region - Linear Rille-crater area
Apollo 20	December	1972	Crater Copernicus - large crater impact area

5. MSFC/LRV: The pre-proposal bidder's conference was held on July 23 at
Michoud. Eight firms were represented: Allis-Chalmers, Bendix, Boeing,
Chrysler, General Motors, Grumman, TRW, and Westinghouse. The next major
milestone is August 22, when the proposals are due to Marshall.

INDEXING DATA

DATE	OPR	#	T	PGM	SUBJECT	SIGNATOR	LOC
07-29-69	HQS		M	APO	(Above)	MUELLER	071-53

CHAPTER
TWENTY-
FIVE

유럽이 우주로
돌아왔다

1975년, 유럽 우주국(ESA)이 결성되었을 때, 당시 대서양 건너에 있던 우주 개발의 본거지에서는 회의적인 눈으로 이를 바라보았다.

아폴로의 눈부신 성공 속에서 우주 탐험의 중요한 연구가 오래전에 독일에서 시작되었다는 것을 잊어버렸다. 비록 17개국이 ESA 임무에 참여했지만, 그중에서 독일과 프랑스가 가장 큰 공헌을 하고 있었다.

파리에 본부를 두고 있는 ESA는 독일과 유럽 전체에 통제 센터를 가지고 있다. ESA의 주요 발사 시설은 남미에서 브라질과 국경을 맞대고 있는 프랑스령 기나아(French Guiana) 크루(Kourou)에 있다. ESA는 이 시설을 프랑스 우주국(Centre National d'Etudes Spatiales(CNES)과 공유하고 있다. 이 발사장은 적도 근방에 있기 때문에 미국이나 러시아가 사용하는 것과 동일한 발사체를 사용할 경우 더 무거운 화물을 궤도로 올릴 수 있는 특징이 있다(적도 근처로 갈수록 지구 자전에 의한 속도를 더 얻을 수 있기 때문에 유리하다., 역자주).

우주로 간 스웨덴인

ESA는 유럽 국가들의 컨소시엄이며, 그들의 우주 탐사 사업에 광범위한 재능을 사용할 수 있다. 2006년, NASA의 STS-116 임무에 참가한 스웨덴 과학자 크리스터 푸글레상(Christer Fuglesang)이 그 한 예다. 물리학자로서 그는 국제 우주 정거장 건설을 위해 여러 번의 우주 유영을 수행하였다. 총 18시간 15분 동안 EVA를 수행하면서 트러스 세그먼트(우주 정거장의 중요 요소)에 전력 시스템을 다시 연결하는 데 도움을 주었으며, 고장난 태양 전지판을 수리했다. 그는 최초의 북유럽인 출신 우주인이었다.

위 ESA/CNES의 아리안 5 로켓이 프랑스령 기아나에 있는 크루 우주 기지를 떠나고 있다. 아리안 로켓은 세계에서 가장 유명한 상업용 로켓 발사회사다.

위 하위헌스(Huygens) 탐사선이 타이탄 표면에 착륙해 있는 모습을 그린 상상도. 이 기계는 충돌 후 90분간 신호를 보내왔다.

오른쪽 ISS에 연결된 콜럼버스 실험 모듈. 2008년에 설치되었으며 한 번에 10개의 실험을 할 수 있다.

초기 ESA 발사는 유럽의 아리안 로켓에 의해 진행되었지만, 최근 몇 년 동안 유럽인들은 소유즈급 로켓을 사용하기로 러시아와 계약을 체결하여 이곳에서 그들은 특수 발사 단지를 건설하고 있다. 유럽의 최신형 로켓인 아리안 5는 아직 생산 중이다.

ESA는 많은 중요한 무인 탐사 프로그램을 진행하였다. 로제타(Rosetta) 와 지오토(Giotto) 같은 임무를 통해 혜성을 조사했으며 마스 익스프레스호 (Mars Express)는 (그리고 착륙 중 추락한 영국의 비글 2호 착륙선) 화성을 탐사했다. 다른 프로젝트로는 지구 대기의 간섭 없이 각각 깊은 우주 물체와 태양을 성공적으로 조사한 우주 X선 망원경과 태양 망원경을 들 수 있다.

최근의 임무인, Smart-1 달 탐사선은 진보된 이온 추진 기술을 사용한 작은 우주선이다. 이 우주선은 2003년에 발사되어 달에 있을 잠재적인 물에 대한 귀중한 새로운 자료를 수집했으며, 또한 잠재적인 에너지 생산을 위해 영구적으로 햇빛을 받는 달 극지 근처의 봉우리들을 식별하였다.

아마도 지금까지의 ESA 무인 임무 중 가장 흥미진진한 것은 2005년 1월, 토성의 위성인 타이탄의 대기권으로 돌진한 하위헌스(Huygens)호라 할 수 있다. 하위헌스는 NASA의 거대한 카시니(Cassini) 토성 탐사선에 부착되었고 카시니호가 타이탄에 가까워지자 분리되어 진입 궤도로 전환되었다. 허위헌스호는 표면으로 추락하는 것을 견뎌내고 약 90분 동안 이미지와 다른 데이터를 전송했다. 타이탄에는 커다란 메탄 바다가 있으며 처음에는 하위헌스호가 여기에 빠졌을지도 모른다는 생각이 들었지만, 허위헌

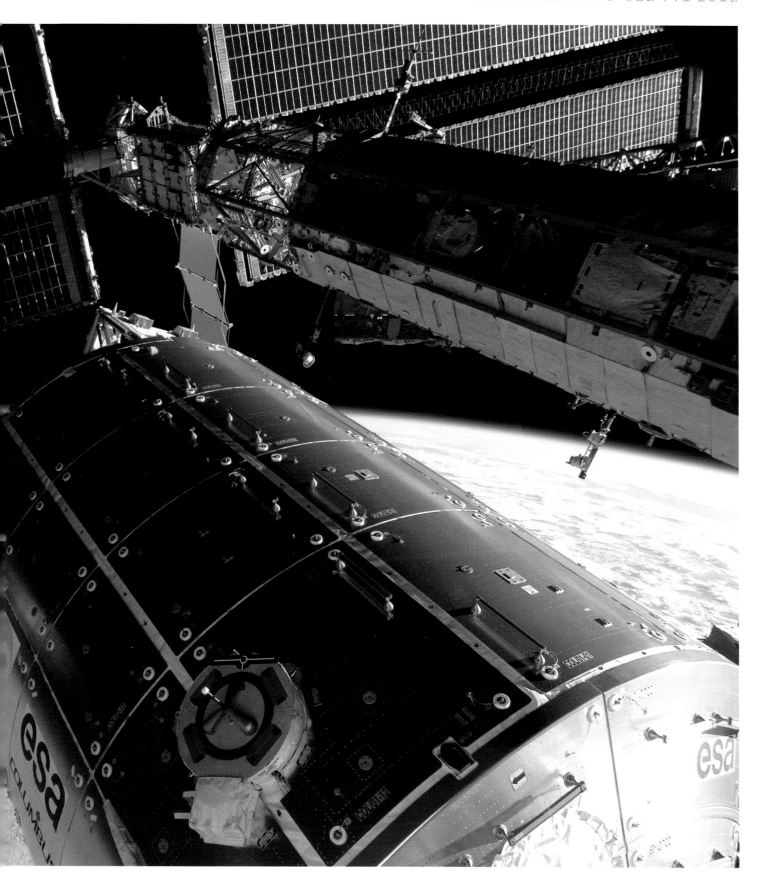

스호가 보낸 올라온 이미지는 이를 뒷받침하지 않았고 오히려 건조하고 추운 지형을 보여주었다.

그럼에도 불구하고, 타이탄 표면에서 돌아온 몇 장의 사진들은 장관이었고 축축한 모래, 작은 바위, 낮은 언덕의 지역을 보여주었다. 그것은 로봇 탐사선이 착륙한 가장 먼 천체였다.

논란의 여지가 있지만 ESA와 NASA 가까운 관계는 국제 우주 정거장 설립에서 시작되었다. ESA는 콜럼버스 실험실 모듈을 5×7m 크기로 제작했다. 생명과학부터 태양 천문학, 유체역학까지 다양한 활성 실험 모듈 10개를 수용할 수 있으며, 2008년 초에 ISS에 연결되었다.

ESA의 흥미로운 미래에는 달 탐사, 심지어 화성 비행까지 포함한 유인 임무 계획이 포함되어 있다. 여러 가지 측면에서, 그들의 계획은 1970년대에 NASA가 우주 왕복선으로 전환하면서 생긴 빈자리를 차지하려 하는 것 같다.

오로라 프로그램은 달과 화성의 무인 탐사와 유인 탐사에 관한 전반적인 프레임으로써 2001년에 만들어졌다. 화성 탐사 로봇과 샘플을 지구로 보내는 임무는 NASA와 협력하여 개발하고 있다. 유인 달 임무는 2024년으로 예정되어 있으며, 2030년에는 NASA와 ESA 사이의 화성 임무가 분리된다. 러시아와의 협력도 모색하고 있다.

그동안 ESA는 국제 우주 정거장에서 NASA와 협력하는 동시에 지난 20년 동안 다양한 우주 왕복선 임무를 위한 우주비행사 준비에도 적극적이었다. 그들이 크게 기여한 것 중 하나는 러시아의 프로그레스(Progress) 모듈처럼 국제 우주 정거장에 화물과 소모품을 전달하는 쥘 베른 자동 이송 차량(Jules Verne Automated Transfer Vehicle, ATV)이다. 또한 ATV는 우주 정거장에 연료를 주입하고 심지어 더 높은 궤도로 정거장을 끌어 올리기 위해 사용되었다

우주 탐사에 대한 ESA의 기여는 다양하고 광범위하며, 러시아 우주 프로그램과 함께 우주에서의 국제적인 협력을 위한 밝은 미래를 약속한다.

왼쪽 페이지 ESA의 쥘 베른 ATV(자동 이송 차량)가 국제 우주 정거장에 접근하는 모습을 그린 상상도. ATV는 무인이기 때문에 공간 전체를 여분의 연료, 소모품 및 부품 운송을 위해 활용할 수 있다.

시간이 초과되었다. : HOTOL

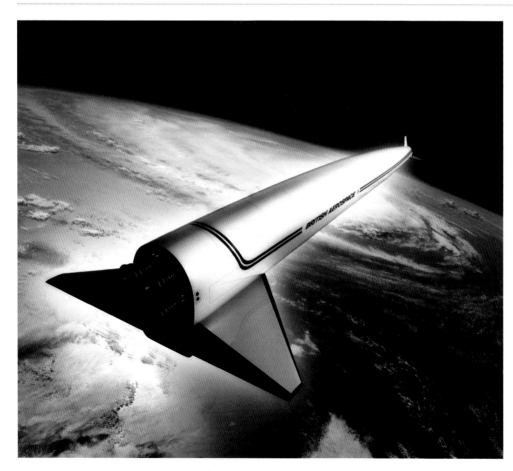

영국은 우주 경쟁의 많은 부분을 놓쳤다. 하지만 한 가지 예외는 수명이 짧았던 수평 이륙 및 착륙(Horizontal Take-Off and Landing : HOTOL) 무인 우주선이다. 1982년에 시작된 이 소형 궤도선은 액체 산소를 선체에 탑재하기 보다는 대기에서 산화제를 추출한다는 점에서 독특했다. HOTOL의 디자이너인 브리티시 에어로스페이스(British Aerospace)와 롤스로이스(Rolls Royce)의 합작 회사는 한정된 예산으로는 간단히 해결할 수 없는 많은 기술적 문제에 직면했다. 1986년에 이 프로젝트는 취소되었지만, 비슷한 프로젝트인 스카이론(Skylon)은 오늘날에도 민간 자금을 이용한 개발을 계속하고 있다.

왼쪽 예술가가 묘사한 브리티시 에어로스페이스 HOTOL의 모습. 이 단발 궤도(Single Stage To Orbit : SSTO) 우주선은 소량의 화물을 탑재할 수 있었지만, 성공했다면 우주 왕복선의 극히 일부에 지나지 않을 저렴한 비용으로 화물 운송이 가능했을 것이다. 안타깝게도 HOTOL은 도면 수준에 머물고 말았다

CHAPTER
TWENTY–
SIX

떠오르는 아시아

우주 시대는 정확히 어디에서 시작되었는가? 수성 로켓으로 미국이었나? 아니면 스푸트니크가 있는 구소련이었을까? 아니면 독일에서 2차 세계대전 중에 런던을 향해 V2 로켓을 발사했을 때인가?

이들은 모두 좋은 후보이지만 우주 시대는 실제로 천 년 전에 중국에서 시작되었다. 화약을 발견한 후, 중국인들은 지금까지 발명된 가장 강력한 변화의 매개체 중 하나를 가져다가 종이 튜브에 담아 장식, 놀이, 심지어 전쟁용 물체를 만들었으며 그것이 로켓의 탄생이었다.

현대 서구 세계의 과학자들이 최초로 우주와 달에 로켓을 날렸을 때 중국은 다시 한번 별을 바라보았다. 이번에는 일본처럼 그들도 갈 것이다.

중국의 현대 우주 프로그램은 1955년으로 거슬러 올라간다. 이때 마오쩌둥은 중국이 핵무기는 물론 현대 미사일 기술까지 갖추어야 한다고 처음

발표했다. 소련 로켓의 복제품인 중국의 미사일은 1958년에 날았다. 1960년대 초, 중국과 소련의 관계가 냉각되었음에도 불구하고 중국은 재래식 탄두와 핵탄두를 탑재할 수 있는 미사일 개발을 계속하였다.

아래 선저우 5호의 끝. 첫 유인 비행이었다. 승무원들이 캡슐에서 내릴 때 언론은 그들을 마중하러 왔다.

1960년대 후반에 중국은 유인 우주 프로그램의 개시를 선언했다. 그러나 설계를 하고 실험하는 동안 정치와 경제적인 현실은 1976년 마오 주석의 사망 때까지 진전을 방해했고, 덩샤오핑은 다른 긴급한 국가적 필요를 이유로 프로그램 중단을 선언했다. 1993년, 중국의 국가 우주 프로그램은 다시 활기를 띠었고 마침내 유인 임무는 결실을 맺는 과정에 있었다. 1999년에는 선저우 1호가 무인 비행을 했고, 여기에 뒤이어 다양한 동물과 센서를 탑재한 3번의 비행이 더 이어졌다. 마침내 2003년 10월 15일, 선저우 5호는 타이코너트(Taikonaut, 중국 우주비행사, 중국어로 우주에 해당하는 太空의 중국식 발음이 tàikōng이며, 여기에 '선원 혹은 항해자'라는 의미의 접미사 - naut를 붙인 것이다. - 역자주) 옝그 뤼웨이를 태우고 지구 궤도로 날아가 성공적으로 귀환했다.

외부 관측통들은 이 우주선이 러시아 소유즈 우주선의 복제품인 것을 보고 놀라지 않았다. 실제로 기술의 많은 부분이 1962년의 소련 설계에서 빌린 것이지만, 선저우는 소련 설계보다 업데이트되고, 더 크고, 더 가능성이 있는 디자인이다. 아마도 소련이 달에 갔더라면 소유즈가 이런 형태로 되었을 것이다.

또 다른 선저우 우주선인 선저우 6호는 2005년, 2명의 중국인 우주인 페이 쥔룽(Fèi Jùnlóng)과 니하 이셩(Niè H'aishèng)을 태우고 궤도에 올랐다. 이 임무는 거의 5일간 지속되었으며, 매우 성공적이었다.

미래를 위해, 중국은 이미 로봇 월면차를 달에 착륙시켰고 2030년대 중반에 진행할 유인 임무 계획을 발표했다.

그들이 실제로 언제 도착할지는 불확실하다. 우주 비행, 특히 달 항해는 오늘날에도 매우 어렵기 때문이다. 그러나 확실한 것은 어떤 국가적 대참사가 아니라면 그들은 거기에 도달할 것이라는 것이다. 동쪽에 있는 일본은 우주에 그들만의 항로를 계획하고 있다.

작은 범위에서, 일본의 프로그램은 더 점진적이고 협력적이었다. 원래 1969년에 우주개발사업단(NASDA)으로 출범한 일본 우주국은 2003년에 다른 기관들과 함께 일본우주항공연구개발기구(JAXA)로 통합되었다.

1992년 이후, 일본은 모리 마모루를 첫 번째로 미국 우주 왕복선에 태웠고, 다른 여러 프로젝트가 그 뒤를 따랐다. 일본도 키보(Kibo "희망")로 알려진 일본 실험 모듈(JEM)로 국제 우주 정거장에 큰 공헌을 했다. 그것은 궤도를 도는 실험실이며 우주 정거장에서 가장 큰 단일 모듈이다. 키보는 우주 비행사들이 우주에서 비현실적인 연구를 할 수 있도록 허용하고 있다. 일본은 종종 다른 그룹과 협력하여 수십 년 동안 다양한 로켓을 날렸다. 일본의 첫 위성인 오수미는 1970년에 궤도에 올랐다. 그러나 일본이 개발한 보다 더 강력한 로켓인 H2와 그 이후에 등장한 M-V 시리즈로 인해 보다 야심찬 프로그램을 시작했다. X선 천문학과 다른 천문학 연구 프로그램을 포함한 많은 성공적인 무인 연구 임무들이 우주로 날아갔고, 유럽인들처럼 그들은 1985년 핼리 혜성을 포함한 여러 혜성을 탐험했다.

또 다른 임무인 하야부사 탐사선은 소행성을 방문했고 2010년에 소행성의 표본을 가지고 지구로 돌아왔다. 아마도 가장 매력적인 임무는 달 탐사선 카구야였을 것이다. 그것은 오래된 아폴로 착륙지를 포함한 달의 많은 부분을 믿을 수 없는 고화질 이미지로 촬영하였다.

중국과 마찬가지로 일본은 달 유인 탐사에 대한 열망을 가지고 있다. 한 가지 계획은 2020년까지 달 비행을 하고 2030년까지 기지를 건설하는 것

이다. ISS의 성공에 이어, 일본은 달 탐사를 위한 국제적인 협력에 전념하고 있다.

일본의 자체적인 역할의 범위는 상당 부분 국제 협력자들의 약속에 의해 결정될 것이다. 하지만 국제 자금이 고갈되면 중국처럼 독자적으로 갈 수도 있다.

오른쪽 페이지 창정 II-F 부스터가 2008년 9월 25일에 선저우 7호를 궤도에 올리기 위해 발사되었다. 이 임무를 통해 중국은 세계에서 세 번째로 우주 유영에 성공한 나라가 되었다.

모리 마모루(1948~)

화학 박사 학위를 받은 모리 마모루는 일본 최초의 미국 우주 왕복선 비행사로서 논리적인 선택이었다. 1948년생인 모리는 1992년 STS-47과 2000년 STS-98. 등 2회에 걸쳐 우주 왕복선을 탑승했다.

첫 번째 비행에서 그는 NASA와 일본 정부의 협력 벤처인 스페이스랩-J 프로그램의 실험을 43회 참여했다. 모리는 현재 도쿄의 일본 과학 미래관인 미라이칸의 관장이다.

위 일본 우주인 소이치 노구치가 셔틀 미션 STS-114에서 EVA를
수행하는 모습.

중국과 인도가 우주로 가다.

중국은 러시아와 미국을 제외한 나머지 국가로는 처음으
로 인간 승무원이 지구 궤도를 돌고 선외 활동을 수행하
는 나라다. 2008년 9월 25일, 중국은 러시아 소유즈 우주
선을 본뜬 일련의 비행 중에서 가장 최신형인 선저우 7호
를 발사했다. 이전의 선저우 임무의 성공에 이어, 이번 임
무에는 중국 우주인 자이 지강(Zhai Zhigang)의 우주 유영
이 포함되어 있었다.

인도도 우주를 목표로 하고 있다. 인도 우주 연구 기구
(Indian Space Research Organization : ISRO)는 우주 연
구에 대해 NASA와 광범위하게 협력하고 있다.

1979년에 인도의 첫 번째 대형 로켓이 날아올랐고, 1994년
에 그들은 현재 주로 사용하고 있는 PSLV(Polar Satellite
Launch Vehicle)를 발사하였다. 인도는 국제 위성 발사 시
장에서 활발히 활동하고 있으며 많은 무인 임무에서 NASA
와 협력하고 있다. 인도는 2008년 10월 22일 인도에서 만든
부스터에 그들만의 달 탐사선을 발사했다.

오른쪽 이 비디오 영상에서 중국인 우주비행사 자이 지강이 선저우
7호 비행 도중 중국 국기를 들고 우주 유영을 하고 있다.

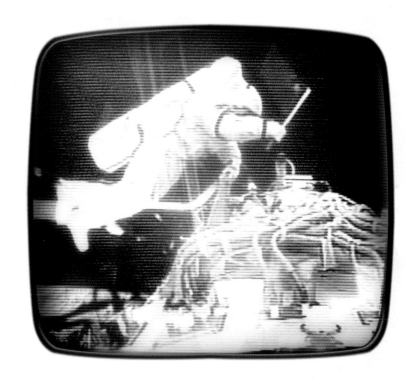

일본의 달 탐사선

일본의 성공적인 달 탐사선 셀렌/카구야(Selene/Kaguya)에 관한 2개 국어로 된 브로슈어. 셀렌/카구야는 2007년 9월에 발사되었고 달에서 바라본 화려한 경치와 산더미 같은 자료들을 보내왔다. JAXA는 기존의 NASDA를 대체한 현재의 일본 우주국이다.

月周回衛星「かぐや」
SELENE : SELenological and ENgineering Explorer "KAGUYA"

2007年9月14日、日本初の大型月探査機がH-ⅡAロケットによって打ち上げられました。この探査機は「かぐや（SELENE:SELenological and ENgineering Explorer)」と呼ばれ、アポロ計画以来最大規模の本格的な月の探査計画として、各国からも注目されています。

これまでの探査計画でも月に関する多くの知識が得られましたが、月の起源・進化に関しては、依然として多くの謎が残されています。「かぐや」は搭載された観測機器で、月表面の元素分布、鉱物組成、地形、表面付近の地下構造、磁気異常、重力場の観測を全域にわたって行います。これらの観測によって、月の起源・進化の謎を総合的に解明できると期待されています。また、プラズマ、電磁場、高エネルギー粒子など月周辺の環境計測も行います。これらの計測データは、科学的に高い価値を持つと同時に、将来月の利用の可能性を調査するためにも重要な情報となります。

Japan's first large lunar explorer was launched by the H-IIA rocket on September 14, 2007 (JST). This explorer named "KAGUYA (SELENE: SELenological and ENgineering Explorer)" has been keenly anticipated by many countries as it represents the largest lunar exploration project since the Apollo program.

The lunar missions that have been conducted so far have gathered a large amount of information on the Moon, but the mystery surrounding its origin and evolution remains unsolved. KAGUYA will investigate the entire moon in order to obtain information on its elemental and mineralogical distribution, its geography, its surface and subsurface structure, the remnants of its magnetic field and its gravity field using the observation equipment installed. The results are expected to lead to a better overall understanding of the Moon's origin and evolution. Further, the environment around the Moon including plasma, the electromagnetic field and high-energy particles will also be observed. The data obtained in this way will be of great scientific value and also be important information in exploring the possibility of utilizing the Moon in the future.

CHAPTER
TWENTY-
SEVEN

달 기지

달은 세계의 궁극적인 군사적 우위를 위한 곳인가? 아니면 앞으로 지금까지 보지 못했던 규모의 국제 협력과 협력 연구의 장이 될 것인가?

"달에 유인 군사 전초기지를 만들 필요가 있다. 달의 전초기지는 잠재적인 미국의 이익을 개발하고 보호해야 한다. 달에서 지구와 우주를 감시, 통신 중계 그리고 달 표면에서의 작전 기술을 개발해야 한다. 달 탐사를 위한 기지로 활용하며, 나아가 우주에 대한 추가적인 탐사와 달에서의 군사 작전 그리고 달에서의 과학적 조사를 지원해야 한다."

1959년 3월 20일에 기록된 군수 팀장이 연구개발 팀장CRD/1(S)에게 보낸, 달에 군사 전초기지를 만들자는 내용의 제안서(C)

위의 발췌 내용은 1959년에 작성되어 회람되었고, 최근에 비밀 해지된 미 육군의 호라이즌 프로젝트에 관한 것이다. 달에 군사 기지를 건설하자는 계획이며 1964년부터 100여 개의 새턴 I과 새턴 II를 발사하고 2명의 우주인이 주요 시설을 조립하며 결국에는 12명의 군인 우주인이 기지에 상주하게 하는 내용이었다. 이 기지의 주요 목적은 지구 감시와 핵 공격에 대한 반격 기능이었으며, 핵미사일과 위력이 낮은 전장용 핵 로켓 그리고 대인지뢰로 무장을 할 수 있었다. 분명히, 달 표면에서의 전투도 소련군과 미국군 사이에 예견된 것이었다.

다행스럽게도 이 계획은 계획 단계에만 머물게 되었고 좋든 나쁘든 핵미사일은 잠수함 내부로 이동했다. 그러나 달 기지에 대한 생각은 항상 우주 여행을 흥미롭게 했고, 계속해서 그렇게 하고 있다. 하지만 현대 시나리오에서 새로운 탐험가들은 전사가 아닌 과학자가 될 것이다.

여전히 우리 시대 최고의 우주 연구 기관인 NASA는 달에 돌아갈 계획을 하고 있다. 새천년의 첫 10년 동안, 컨스텔레이션(Constellation, 별자리를 의미한다. 역자주) 프로젝트는 NASA의 가장 중요한 우주 탐사 프로그램이 되었다. 컨스텔레이션은 상당히 개선된 아폴로 형식의 승무원 캡슐인 CEV(Orion Crew Exploration Vehicle, 오리온 승무원 탐사참)를 포함하고 있다. 또한 NASA는 유명한 새턴 V의 컨스텔레이션 버전인 Ares라고 하는 오리온 캡슐의 현대적인 발사 시스템을 연구했다.

아래 오리온 다목적 유인 우주선(The Orion Multi-Purpose Crew Vehicle)은 4명의 승무원이 탑승할 수 있으며 저궤도부터 화성 착륙까지 NASA가 현재 초점을 잡고 있는 다양한 임무 유형에 적합한 기술을 구현하고 있다.

"달에 유인 군사 전초기지를 만들 필요가 있다. 달의 전초기지는 달의 잠재적인 미국의 이익을 개발하고 보호해야 한다. 달에서 지구와 우주를 감시, 통신 중계 그리고 달 표면에서의 작전 기술을 개발해야 한다. 달 탐사를 위한 기지로 활용하며, 나아가 우주에 대한 추가적인 탐사와 달에서의 군사 작전 그리고 달에서의 과학적 조사를 지원해야 한다."

1959년 3월 20일에 기록된 군수 팀장이 연구개발 팀장CRD/1(S)에게 보낸, 달에 군사 전초기지를 만들자는 내용의 제안서(C)

안타깝게도, 2000년대 후반의 경제 위기로 인해 정부 지출에 대해 새로이 조사하게 되었다. 2010년 버락 오바마 대통령은 비용 초과와 혁신 부족을 이유로 컨스털레이션 프로그램을 취소했고, 대통령은 이 결정에 대해 상당한 비난을 받게 되었다. 2011년까지 컨스털레이션의 가장 좋은 부분은 다시 배치되었고 현재 NASA의 달 탐사 계획의 핵심으로 남아있다.

2011년에 발표된 오리온 다목적 유인 우주선(Orion MCPV)은 컨스털레이션 오리온 크루 탐사차(CEV)의 후속 우주선이다. 오리온 MCPV는 국제우주 정거장으로의 물자 수송에서부터 소행성, 달 또는 심지어 화성 착륙에 이르기까지 우주 탐사에 있어 많은 역할을 하도록 설계되었다

취소된 아레스 발사체와 우주 왕복선 프로그램을 모두 동원한 SLS(Space Launch System)는 현재 심우주 탐사를 위한 중발사체이며 오리온처럼 다양한 임무에 적합한 유연한 발사 시스템이다. 도널드 트럼프 대통령은 오리온 캡슐과 SLS 프로그램의 진행 상황을 바탕으로 2017년 12월 11일 우주 정책 지침 1호에 서명했다. 그는 공식적으로 NASA에 유인 우주 탐험과 특히 1972년 이후 처음으로 달에 착륙하는 우주비행사들에 집중하라고 지시했다.

NASA는 이제 2019년에 달에 복귀할 계획이다. 이 임무는 일단 SLS를 사용하여 무인 오리온 승무원을 달에 보내고 돌아올 것이다. 이 시험은 유인 비행에 앞서 오리온의 안전을 확립할 것이다. 무인 시험이 성공하면 작업이 본격적으로 진행될 수 있다.

달에 있는 첫 번째 영구적인 발판은 달 궤도 플랫폼-게이트웨이(줄여서 LOP-G, 원래는 딥 스페이스 게이트웨이(Deep Space Gateway)라는 이름이었다.)의 형태가 될 것이다. 국제 우주 정거장처럼 LOP-G는 NASA, 러시아 연방 우주국, 유럽 우주국, 일본우주항공연구개발기구, 캐나다 우주국의 합작품이다.

LOP-G는 달 궤도에 건설될 예정이며 우주비행사 거주 구역, 다른 우주선의 도킹이 가능한 도크, 물류 모듈, 에어록 등이 포함될 것이다. 건설되면 달 표면에 유인 및 무인 임무를 수행할 수 있는 핵심 집결지가 될 것이며, 어쩌면 화성과 태양계의 다른 목적지까지의 임무를 수행할 수 있을 것이다. LOP-G의 첫 번째 모듈은 2022년 6월에 발사될 예정이다.

현대 우주 프로그램의 한 가지 독특한 특징은 민간 기업이 선구적인 역할하고 있다는 점이다. 특히 스페이스 X는 이 과정에서 기술을 개발하고, 헤드라인을 포착하는 묘한 능력을 보여주었다. 2017년 2월에 그들은 2명의 우주 여행객을 아폴로 8호처럼 달 주위를 도는 여행에 보낼 계획을 발표했다. 관광객들의 이름은 밝혀지지 않았지만 이미 상당한 여행 경비가 지급되었다.

2018년 2월 스페이스 X는 팰컨 헤비 로켓 발사 시험에서 CEO인 일론 머스크의 테슬라 로드스터를 싣고 발사했다. 테슬라의 운전석에는 우주복을 입은 마네킹인 "스타맨"이 있었다. 팰컨 헤비는 부분적으로 재사용 가능한 발사 시스템으로, 완벽하게 작동할 경우 우주여행 비용을 크게 줄일 수 있다.

스타맨의 이미지는 뉴스 피드와 소셜 미디어 페이지를 채웠다. 스타맨과 함께 팰컨 헤비의 부스터 3대 중 2대가 케이프 커내버럴에 성공적으로 착륙하는 영상이 방영되었다. 집단적인 관심과 흥분은 인류의 끊임없는 탐험에 대한 사랑의 증거다. 자금 조달은 변동될 수 있고, 시스템은 변화하지만 언젠가는 인간이 달에 돌아와 그 너머를 탐험할 것이다.

왼쪽 페이지 지구 궤도 너머의 탐험을 주도할 NASA의 SLS 상상도.

오른쪽 2014년 12월 5일에 시행된 NASA 오리온 캡슐의 첫 테스트를 상징하는 임무 로고의 모습.

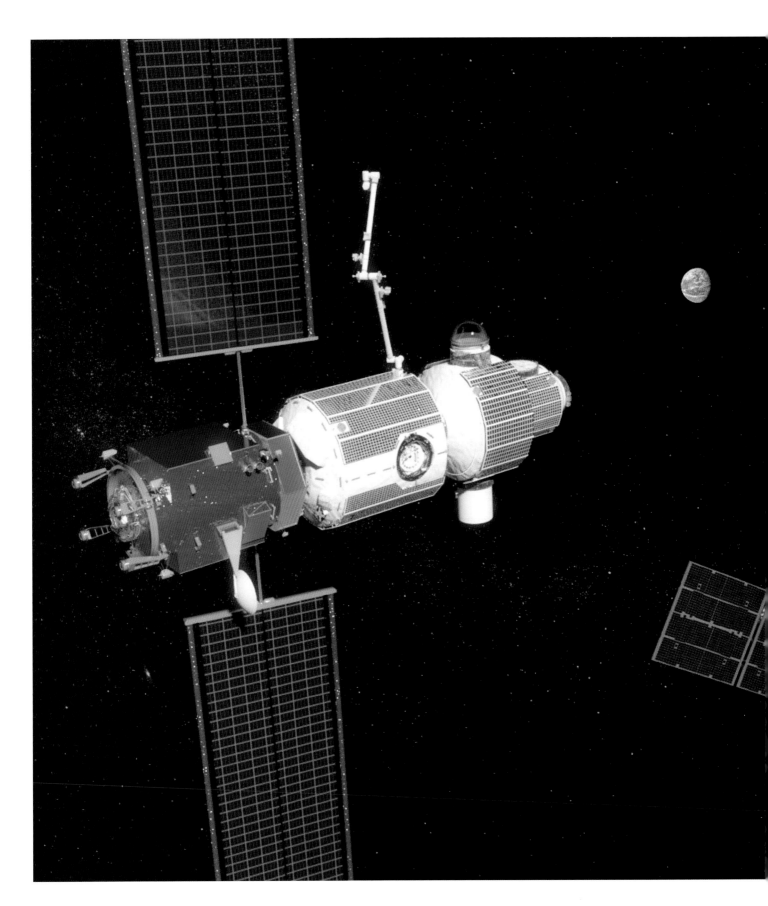

중국은 혼자 갈 것인가?

중국이 기록적인 속도로 힘과 기술력을 얻으면서 우주 탐험에 대한 중국의 열망도 높아졌다. 달 탐사를 위한 중국의 시간표는 미국과 그 파트너들의 시간표와 거의 유사하다. 2013년 중국은 탐사선 유투(Yutu)를 달에 있는 비의 바다에 착륙시켰다. 그들은 달 탐사를 적극적으로 추진하고 있다. 2019년에는 최초로 달의 뒷면에 착륙했으며, 2036년에 첫 유인 임무를 하게 되기를 바라고 있다.

위 2013년 12월 23일, 중국 유투 탐사선이 달의 비의 바다를 탐사하는 임무를 수행하고 있다. 착륙선의 모습이 전경에 보인다. 유투에는 달 지질학을 연구하기 위한 기구들을 포함되어 있으며 착륙선에는 최초의 달 망원경이 탑재되어 있다.

위 스페이스 X CEO 일론 머스크가 SNS에 공유한 '스타맨'의 마지막 이미지. 이 이미지는 널리 공유되었고 우주 탐사에 대한 관심을 불러 일으키는 소셜 미디어의 힘을 보여준다.

왼쪽 달 표면과 그 너머의 탐사를 위한 집결지가 될 LOP-G의 상상도.

러시아 기사 번역
T R A N S L A T I O N
42~43페이지 프라우다 신문

모국이 우리 영웅에게 영광을 베풀다.

[사진]
우주 기지에 있는 우주인 : V. A. 사탈로프 대령, B. V. 볼리노프 대령, A. S. 엘리제예프 대령 E. V. 크루노프 대령. TASS 전송 사진

직장에서의 우주에 대한 시각.

우주선 소유즈 4호와 소유즈 5호의 비행은 우리 조국의 힘과 과학 기술의 성과를 평화적인 목적에 이용하고 소련 국민과 모든 인류에게 이익을 주기 위한 끊임없는 노력을 전 세계에 보여주고 있다. 이것은 Lepse 공장의 선반공인 A. 사포지노프가 이렇게 뛰어난 이벤트를 어떻게 만들었는지를 보여준다. 4명의 소련 우주비행사가 이 비행을 완수할 수 있도록 헌신하고자 하는 군중 회의가 어제 공장에서 열렸다.

'우리는 환상과 현실의 경계가 꾸준히 사라지고 있는 시대에 살고 있다. 하지만 우리 인민들이 한 일은 모든 환상을 초월한다.'라고 설계 엔지니어 E. 슈팅게이가 말했다.

우주 기지의 드릴 작업자인 니콜라이 드미트리프는 우주 정복을 위한 새로운 승리가 전국의 공장 노동자들 사이에 강력한 열정의 물결을 만들어냈다고 강조했다. 그는 노동의 생산성을 높이고 사회주의 의무의 이행 목표를 초과 달성하기 위해 젊은이들과 모든 공장 노동자들에게 경쟁의 정신을 전파할 것을 요구했다.

'소련 사람들은 비너스 5호와 비너스 6호의 발사에 이어 4명의 용감한 우주비행사를 유인 우주선을 통해 발사함으로써 1969년 새해의 시작을 눈부신 우주 불꽃놀이로 표시했다.'라고 I. V. 아쿠틴이 말했다. 아쿠틴 기술과학부 차관보는 어제 S.N 바빌로프 국립 광학연구소 직원 회의에서 이같이 말했다. '우리는 지구 궤도에 최초의 소련 우주 정거장을 조립하기 위해 살아왔다. 나는 통합 실험실 전체가 곧 지구 궤도를 돌 것이라고 믿는다.'

B. K. 바라노프 연구소 과학부장은 우주선 승무원들의 업적은 우리 시대의 경이로움이라고 말했다. 그는 우주에서의 놀라운 성공에 고무된 이 연구소의 직원들은 국가 경제에 도움이 될 완벽한 광학 기구와 장비를 만들기 위해 최선을 다하고 있다고 했다.

물리학-수학 과학 박사인 N. G. 야로슬라프스키 박사는 우주 실험이 행해진 예외적인 정확성, 우주비행사의 완벽한 기술, 그리고 지구 주변을 도는 최근의 우주 비행에 사용된 기기와 장비에 탑재된 모든 배터리의 우수한 품질을 강조했다.

그들이 채택한 결정에서, 회의에 참석한 사람들은 "우주 4중주단"의 영웅적인 업적에 새로운 업적으로 대응하고, 레닌 탄생 100주년을 적절한 방식으로 맞이하려는 연구소 구성원들의 결의를 강조했다.

소련의 우주 과학 기술의 최근 업적을 기리는 회의가 어제 '보즈로즈데니' 섬유 공장에서 열렸다. M. N.은 '소유즈 4호, 소유즈 5호와 같은 거대한 우주선이 도킹하여 한 우주선에서 다른 우주선으로 우주비행사들이 이동한 것은 소련 인민들의 빛나는 업적이다.'라고 말했다.

엔지니어링 샵에서 핏터(Fitter)로 일하고 있는 볼슈킨은 '지속적인 노동과 보람 있는 노력으로 그러한 놀라운 실험을 성취할 수 있었고, 우주 정복을 위한 큰 가능성을 열어 놓았다.'고 하였고 부소장 B. A. 코르진은 우주에서의 성공에 대응하여 직물 노동자들에게 훨씬 더 훌륭하고 생산적으로 일할 것을 요구했다.

젊은 사람들을 대표하여 VLKSM(젊은 공산주의자들의 조직) 위원회의 갈리나 살로프 서기는 우주비행사들에게 감사의 말을 전했다. 그녀는 5개년 계획의 새해에 젊은 노동자들이 생산 과제를 성공적으로 달성하고 있다는 것을 확인해주었다.

소련 우주비행사들의 영웅적인 항해를 위한 모임이 레닌그라드 파이프 공장과 젤랴보프 직조 및 염색 공장(LenTASS)에서도 열렸다.

심연을 뛰어넘는 두 걸음
우주 유영에 필요한 기술

소유즈 4호와 소유즈 5호 비행의 고유한 측면은, 이전의 모든 우주 비행과 다르게, 우주선을 궤도 상에서 도킹하고 한 우주선에서 다른 우주선으로 우주 공간을 통해 두 우주비행사가 세계 최초의 우주 유영을 수행했다는 점이다.

소련 우주 비행에 있어서 이 성취의 중요성은 과소평가할 수 없다. 이 복잡한 실험은 우주 유영과 직접 관련된 활동 외에도, 과학적인 관찰, 동영상 촬영, 그리고 사진 촬영과 같은 프로그램으로 빽빽하게 채워져 있었다.

이 유례없는 작전, '심연을 걷다.'를 구성하고 있는 단계들을 되짚어 보도록 하자. 우리는 걷기 전에 2명의 우주비행사가 에어록을 통해 우주선을 떠나야 한다는 것을 기억해야 한다. 우주복을 입고 다른 우주선으로 건너가 거기서 우주복을 벗은 후, 예정된 작업을 계속해야 했다.

그래서 우주 유영 준비와 수행 중에 우주인들은 우주복을 착용하여 밀폐성을 시험하고, 자동 생명 유지 장치를 작동시키고, 에어록 시스템을 제어하며, 과학 장비 및 사진 장비로 작업하는 등 광범위한 활동과 작전을 수행해야 했다.

분명히, 만약 팀 전체가 이 과제들에 대해 철저하고 집중적인 훈련을 받지 않았다면, 이 프로그램을 성공적으로 수행하는 것은 불가능했을 것이다.

A. A. 레오노프의 1965년 3월 첫 우주 유영 경험과 연구 결과에 근거하여 우주비행사들은 우주에서 걸을 때 무중력뿐만 아니라 다른 어려움도 경험한다고 알려져 있다. 여기에는 대기압 감소, 우주복에서의 이동성 제한, 비정상적인 온도 조건, 그리고 우주로 나갈 때와 진공 상태에서 작업할 때 극복해야 할 심리적 장벽이 포함된다.

이 비행에 참여하는 팀이 훈련받는 동안, 기본적인 전문 기술 외에도 우주 유영에 참가하는 우주비행사들을 통해 각각의 요소에 대한 정확한 대응 방법을 개발해야 했다.

이러한 목적에 필요한 시뮬레이터를 준비하는 동안에 전문가들은 이 복잡하고 신기한 이슈에 대해 광범위한 기술적, 방법론적 문제에 대한 창의적인 해결책을 찾아야 했다. 우주비행사들이 우주 유영에 필요한 기술을 연습하고 강화하는데 특화된 시뮬레이터가 필요했고 그러한 시뮬레이터의 체계가 만들어졌다. 그중 하나가 바로 '비행 실험실'이다. 여기서 우주인들은 무중력 상태에서 우주복을 입고 진공 상태에서 작업을 준비하고, 우주 유영을 하는 동안 다양한 기기로 실험을 하며 우주선의 해치를 빠져나와 출입하는 방법 및 통신과 원격 측정을 위한 연결 부위를 전환하는 등 다양한 경험을 얻을 수 있었다.

이 실험실은 도킹된 우주선 사이의 환승 구역을 실물 크기로 제작한 모형으로, 생명 유지 장치와 제어 장비를 통해 우주비행사들이 필요한 모든 기술을 연습할 수 있도록 했다.

우주복을 입은 우주비행사들은 압력 챔버에서 우주 유영 중 에어록과 생명 유지 장치를 다루는 방법을 연습했다. 압력 챔버에서는 공기 압력이 우주의 자연적인 진공에 근접할 정도로 낮아지게 된다.

우주 유영 중, 승무원들 사이의 상호작용, 그리고 과학 및 사진 장비를 이용한 작업도 비행 실험실 및 압력 챔버에서 별도의 요소로 수행되었고, 그 다음 특수 제작한 전체 기능 시뮬레이터에서 완전히 통합된 방식으로 수행되었다.

이 시뮬레이터 시스템을 만듦과 동시에 우주비행사들이 효과적으로 훈련을 받고 필요한 기술을 연습하고 통합할 수 있는 훈련 방법을 개발하였다.

우주 유영 프로그램을 수행하기 위한 우주 비행사들의 훈련은 다음과 같은 2가지 주요 명제를 기초로 하고 있다. 첫째, 실제 우주 유영과 최대한 똑같은 환경을 만들 것. 둘째, 우주인들이 완벽하게 임무를 수행할 수 있도록 연습의 난이도를 점진적으로 높일 것.

이러한 원칙의 이행은 필요한 훈련 횟수와 결합하여 우주선 소유즈 4호와 소유즈 5호의 승무원에 대한 높은 훈련 수준을 보장한다.

우주비행사 에브게니 흐루노프와 알렉세이 엘리제예프가 한 우주선에서 다른 우주선으로 우주 유영을 통해 옮겨가는 퍼포먼스를 포함한 이 주목할 만한 실험은 우주 정복에 있어서 중요한 단계다. 이 비행에서 얻은 경험은 우주 궤도에 새로운 과학 연구소를 건설하는 임무를 지닌 다른 팀들이 받을 훈련의 기초가 될 것이다.

N. 안드레예프 기술자 (TASS 통신)

레닌그라드 과학자의 첨언
매우 가치 있는 실험

우주선 소유즈 4호와 소유즈 5호의 비행은 대중들 관심의 중심에 남아 있다. V. 자카르코 레닌그라드스카야 프라우다(Leningradskaya Pravda : 소련의 신문사 이름) 특파원은 어제 이 궤도 비행 결과에 대해 S.M. 키로프 군사 의료 학교에 있는 항공 의학 부서에 몇 가지 의견을 요청했다.

'소련 인민들에 의해 시작된 우주 폭풍은 꾸준하게 커지고 있다.'라고 그 부서의 책임자이자 의사인 G. I. 그루빅, 교수가 말했다. '경험에 의하면, 인간이 우주에서 더욱 오랜 시간을 보내기 전에는 우주에서의 연구 문제에 대해 완전한 해결책을 찾는 것은 불가능하며 승무원과 다양한 장비, 그리고 다양한 화물을 실을 수 있는 능력을 갖춘 우주 정거장이 우주 궤도에 건설되어야만 가능해질 것이다. 우주선의 도킹이 우주 정복과 우주 의학의 발전에 새로운 무대를 열어주는 뛰어난 성과인 것은 바로 이 때문이다.'

우주비행사들, 특히 우주 유영을 했던 A.엘리제비치와 E. 흐루노프의 건강 검진 자료는 우주선과 자동 우주복에 대한 추가적인 개선 방법을 보여주며, 우주에서의 인간 활동을 위한 더 나은 환경

을 만드는 데 도움을 줄 것이다. 의사들에게 가장 큰 가치는 비행에 참가한 사람들이 경험한 신경과 감정적인 긴장에 대한 데이터다.

최초의 의사 출신 우주비행사 B. 에고로프는 우주선 보스호트 1호의 다소 제한된 조건에서 일했다. 궤도를 도는 실험실은 의사를 포함한 모든 승무원에 의한 과학적 실험에 엄청난 가능성을 제공한다. 그들은 다양한 기구를 사용하여 세부적인 연구를 수행할 수 있을 것이고, 무중력, 다양한 기압, 온도, 그리고 비행의 많은 다른 매개변수에 대한 우주비행사들의 반응을 직접적이고 종합적으로 연구할 수 있을 것이다.

그러한 실험실에서 의사들은 특이한 외계 조건에 대한 인체의 적응성에 관해 매우 중요한 정보를 얻을 것이다. 이 모든 것은 우주 정복을 위한 진보에 도움이 될 뿐만 아니라 전체 인구의 예방과 의료 활동을 촉진하고 개선할 수 있다는 것에는 의심의 여지가 없다.

G. I. 그루빅은 '용감한 소련 우주비행사들의 이 독특한 실험은 많은 과학 분야, 특히 의학에 있어 매우 중요한 의미를 지닌다.'라고 결론지었다.

이 사건은 기억될 것이다.
더 많은 우주인이 필요할 것인가?

4명의 용감한 우주비행사 중 하나인 에브게니 크루노프의 이름은 현재 전 세계에 알려져 있다. 이것이 오늘날 K. 페트로프의 작은 에피소드를 더욱 흥미롭게 상기할 수 있게 한다. 우주비행사의 멘토인 페트로프는 그의 공개 연설에서 언급한 적이 있다. 그는 단순히 제냐라고 불리던, 사람에 대한 이야기를 하고 있었다. 사실 이것은 크루노프의 이야기였다.

우리 우주비행사에게 멀리 있는 수비대 출신의 전투기 조종사 친구가 방문했다. 옛 연대 동지들이 모였을 때, 할 일이 많고, 할 이야기가 많았다. 손님은 그에게 연대의 소식을 전했다. 그러다가 지나

가는 말처럼 '제냐, 요즘 어떻게 지내?', '새로울 게 없어. 계급은 같고 나는 승진을 원하는게 아니야. 중요한 건, 난 내 본성에 따르고 있고 그것은 단순히 내 인생을 바꿔 놓았다는 것이지.' 소령은 친구의 방에 있는 책꽂이를 바라보았다. 정말 도서관이군! 당 대회, 역사, 금속 합금, 예술, 전자, 의학, 로켓, 기상학, 스포츠, 시, 천문학, 수학, 심리학, 과학 기구 건설, 지리, 물리학... 손님이 의심스럽다는 듯이 물었다. '정말 그런 게 다 필요한 거야?' '물론이지.' 주인이 대답했다. 소령은 납득이 가지 않았다. '글쎄, 나는 말하자면 너의 빵과 버터인 토시올크스코프스키, 키발치치, 예프레모프의 '안드로메다', 현대식 로켓 제작 등을 이해하고 있어. 그러니까 말해봐 마카렌코, 레핀, 파블로프, 스타니슬라프스키 – 이 책들이 정말로 우주와 관련이 있는 거야?'

이에 대해 우주비행사는 친구에게 우주 과학 분야와 밀접한 관련이 있는 연구소에서 어떻게 지냈는지를 말했다. 그들은 작업실에 대해 이야기 하다가 갑자기 대화가 예술로 바뀌었다. 과학자 중 한 사람이 우주비행사에게 물었다. '당신은 피카소의 그림인 에브게니 바실예비치에 대해 어떻게 생각하나요? 그의 색감은 정말 환상적이지 않나요! 그는 우주에서 우리의 행성을 본 것 같아요. 정말 멋지네요!'

예의상, 우주비행사는 정말로 '아름다운' 색감을 내고 있다는 데 동의했지만 사실 그는 피카소의 그림에 대해 아무것도 몰랐기 때문에 낙담하여 집에 돌아왔다. 그들은 그에게 다 똑같다고 말했지만, 그는 스스로가 마치 무식한 것처럼 느껴졌다.

아마도 그때가 이론적으로뿐만 아니라 실제로 그가 알아야 할 것이 얼마나 많은지 에브게니가 처음으로 이해했을 때였을 것이다. 우주비행사는 고학력자로 간주된다. 즉, 인간의 지식에는 직간접적으로 그의 직업과 관련된 많은 과학이 있다. 그는 심리학과 전자공학, 스포츠와 의학, 그리고 물리금속공학 등 훨씬 더 많은 것을 필요로 한다.

'그러니까, 당신 스스로 판단하건대, 이것이 모두 우주비행사들에게 필요한 많은 것들이란 말이지?' 주인이 웃으며 묻자, 그의 손님은 '그래, 바로 그게 요점이지!'라고 대답했다.

자료 출처
CREDITS

| 저자 |

로드 파일(Rod Pyle)

다큐멘터리 프로그램의 제작자이자 작가 그리고 감독이다. 또한, 세계 우주 재단의 커뮤니케이션 담당 임원이자 아스트로노틱 저널(Astronautics Journal)과 파운데이션 뉴스(Foundation News) 두 출판물의 부장 편집장이자 기고가였다. 그리고 미국 캘리포니아주 LA에 있는 그리피스 천문대(Griffith Observatory)에서 일했으며 '스타트랙 : 딥 스페이스 나인과 배틀스타 겔럭티카'의 자문역으로 활동했었다. 2016년에는 안드레 도이치를 위한 화성(Mars for Andre Deutsch)을 출간하였다.

| 번역가 |

박성래

중앙대학교에서 기계공학을, 대학원에서 디지털·과학 사진을 전공했다. 캐논에서 프로 영상 장비 전문가로, 삼성전자에서 마케터로 근무하다가 현재는 할리데이비슨에서 마케터로 일하며 전문 번역, 과학서적 저술 및 천문관련 강연 활동을 하고 있다. 핼리혜성이 지구에 접근하던 1985~1986년부터 밤하늘에 관심을 가지게 되었고, 고등학교와 대학교에서 천문 동아리 활동을 했으며, 현재는 디지털 천체사진 동호회인 NADA 및 네이버 별하늘지기의 회원으로 활동하고 있다. 천문 잡지 및 사진 관련 잡지에 쌍안경 관측과 천체사진에 관한 기사를 다수 연재했고, 저서로는 『천제망원경은 처음인데요』가 있다. 번역한 책으로 『나만의 DRONE 만들기』, 『천체관측 입문자를 위한 쌍안경 천체관측 가이드』, 『NASA 지구와 우주를 기록하다』, 『NASA 행성을 기록하다』 등이 있다.